Ahthsham Khawaja
Umar Majeed

Interceção GSM (Um ataque ativo às redes GSM)

Ahthsham Khawaja
Umar Majeed

Interceção GSM (Um ataque ativo às redes GSM)

ScienciaScripts

Imprint

Cover image: www.ingimage.com

This book is a translation from the original published under ISBN 978-3-659-84979-4.

Publisher:
Sciencia Scripts
is a trademark of
Dodo Books Indian Ocean Ltd. and OmniScriptum S.R.L publishing group

120 High Road, East Finchley, London, N2 9ED, United Kingdom
Str. Armeneasca 28/1, office 1, Chisinau MD-2012, Republic of Moldova, Europe
Printed at: see last page
ISBN: 978-620-8-31673-0

ÍNDICE DE CONTEÚDOS

RESUMO

Desenvolvimento do GSM Sniffer

O Sistema Global de Comunicações Móveis (GSM) é um dos avanços tecnológicos mais significativos dos últimos tempos. Mais de 5 mil milhões de pessoas em todo o mundo dependem das redes GSM para, pelo menos, uma pequena parte das suas comunicações diárias, que incluem chamadas telefónicas e SMS.

Quanto mais importante é o papel do GSM na nossa vida, mais importante é para nós o aspeto da segurança do GSM. Passaram quase 20 anos desde que a conceção do GSM foi desenvolvida. Durante este período, foram observados e levantados muitos problemas de segurança e de sigilo. É necessário que o GSM seja fiável devido à sua utilização atual a um nível enorme. Infelizmente, o GSM, através da interface Um, proporciona segurança através da obscuridade. A comunicação GSM só era segura até ao momento em que as "tabelas arco-íris" de algoritmos de segurança como o A5 não estavam disponíveis. Em 1999, Goldberg, Wagner e Green apresentaram a criptanálise do A5/2.

Implementámos um "ataque man-in-the-middle" na interface Um. O objetivo deste ataque "man-in-the-middle" é ligar à força o telemóvel da vítima ao equipamento do atacante que, por sua vez, está ligado ao fornecedor de serviços GSM original. Esta conetividade forçada dá controlo sobre a transmissão da vítima, o que permite ao atacante bloquear, modificar, escutar e/ou criar dados em nome da vítima sem a avisar.

LISTA DE ABREVIATURAS

SIM Subscribers Identity Module

MS Mobile Station

L1 Physical Layer

L3 Network Layer

BTS Base Transceiver Station

IMSI International Mobile Subscriber Identity

SRES Signed Response

RAND Random Number

Kc Session Key

Ki Individual Subscriber Authentication Key

MCC Mobile Country Code

LAC Location Area Code

RR Radio Resource

MM Mobility Management

ME Mobile Equipment

BSC Base Station Controller

SDCCH Standalone Dedicated Control Channel

SMS Short Message Service

BSC Base Station Controller

MSC Mobile Switching Center

PCH Paging Channel

HLR Home Location Register

LAI Location Area Identity

TIMSI Temporary International Mobile Subscriber Identity

SAP Sim Access Profile

VLR Visitor Location Register

AuC Authentication Center

ARCFN Absolute Radio-Frequency Channel Number

RACH Random Access Channel

AGCH Access Grant Channel

USB Universal Serial Bus

GPRS General Packet Radio Service

MNC Mobile Network Code

LA Location Area

LAC Location Area Code

GSM Global System for Mobile Communications

USRP Universal Software Radio Peripheral

CAPÍTULO 1

Introdução

1. PREÂMBULO

As comunicações móveis são o meio de comunicação mais utilizado em todo o mundo, desde as comunicações pessoais às comunicações empresariais e a todos os outros tipos de comunicações seguras. Há mais de 5 mil milhões de pessoas em todo o mundo que dependem das redes GSM. Com uma base de utilizadores tão grande e a utilização das redes GSM em actividades financeiras, a segurança do GSM é agora de importância primordial para todos nós. Para garantir a segurança, o sigilo e a confidencialidade das comunicações e dos dados transmitidos através da rede GSM, são utilizados diferentes algoritmos de cifra e procedimentos de segurança. Os algoritmos de cifra incluem o A5 e os procedimentos de segurança envolvem a autenticação que utiliza os algoritmos A3 e A8.

Estes bons procedimentos de autenticação e o algoritmo de cifra transformam as redes GSM em infra-estruturas de comunicação de ponta, mas, no entanto, existem algumas falhas e lacunas na segurança da transmissão GSM. O GSM proporciona segurança através da obscuridade. A comunicação GSM só era segura até ao momento em que as "tabelas arco-íris" de algoritmos de segurança como o A5 não estavam disponíveis. Em 1999, Goldberg, Wagner e Green apresentaram a criptanálise do A5/2. Devido à fragilidade do algoritmo de cifra A5/2, é possível efetuar um "ataque man-in-the- middle" à interface Um.

A regra seguida na comunicação móvel de segunda geração é que a estação móvel, uma vez ligada, acampa com a BTS que a autentica e que tem a maior intensidade de sinal em comparação com as outras nas proximidades. Esta "fraqueza" é explorada "fazendo" com que a EM acampe na nossa rede, de modo a que todas as comunicações que o telemóvel pretenda efetuar sejam solicitadas através do nosso equipamento. Uma vez conseguido, o cenário será implementado numa determinada área e forçará todos os MS a fazer as suas tentativas de comunicação através do equipamento do atacante, o que nos permitirá escutar, modificar, bloquear ou criar dados em nome da vítima sem a avisar.

1.1 OBJECTIVO DA TESE

O projeto permitir-nos-á combater o terrorismo e os movimentos antipaíses de uma forma muito original. Nos últimos tempos, a comunicação móvel é uma das mais seguras e difíceis de monitorizar, tendo o Paquistão mais de 108 milhões de assinantes em abril de 2010. Com um número tão vasto de utilizadores, o conceito de vigilância em tempo real torna-se quase impossível, mas com o projeto podemos cortar uma pequena parte desses 108 milhões e monitorizá-los para obter informações independentemente do assinante que utilizam.

Outro aspeto deste projeto é que pode ser utilizado para criar redes móveis privadas numa área e, em seguida, essas áreas podem ser unidas com uma troca suave e fornecer comunicação entre si. Isto poderia proporcionar a qualquer organização sensível e de vigilância a sua própria rede dedicada para comunicação celular intra-organizacional, em vez de utilizar outras redes GSM para fins de comunicação, o que pode ser uma potencial ameaça à segurança dessa organização em particular.

1.2 DECLARAÇÃO DO PROBLEMA

O principal objetivo do nosso projeto é explorar a segurança do GSM utilizando a abordagem "man-in-the-middle". Ao utilizar esta abordagem, a estação móvel "vítima" é ligada ao equipamento do atacante. Nessa situação, o atacante pode escutar, modificar, bloquear ou criar os dados da vítima em nome da vítima sem a avisar. O primeiro objetivo do projeto é criar a nossa própria rede GSM. Isto será conseguido usando equipamento de "baixo orçamento" e versões modificadas pessoalmente de software de código aberto como o OpenBTS, GNU Radio, etc. Gostaríamos de provar que a abordagem man-in-the-middle pode ser empregue em redes GSM com recursos limitados, resultando numa solução autóctone para as agências de segurança e de aplicação da lei em particular.

CAPÍTULO 2

Revisão da literatura

2.1 ANTECEDENTES

Este capítulo contém um breve historial da evolução da rede GSM. O capítulo incluirá os componentes básicos do meio GSM e os procedimentos básicos de segurança e autenticação. Cada um dos procedimentos será discutido brevemente para apoiar e reforçar o objetivo deste documento. Pretendemos dar uma ideia ao nosso leitor sobre os protocolos utilizados no ambiente GSM sem entrar nos pormenores de cada protocolo. O capítulo começa com um breve historial da rede GSM. Posteriormente, fornecemos informações sobre os componentes básicos do GSM. Depois, na parte final, abordamos as operações completas de autenticação e segurança e a forma como são implementadas para fornecer aspectos de segurança padrão. Em seguida, apresentamos o procedimento teórico completo do ataque man in the middle, que é a principal aspiração da tese. Este ataque explora, de facto, os pontos fracos da arquitetura GSM que utilizamos para implementar o ataque man in the middle.

2.2 Evolução do sistema GSM

O Sistema Global de Comunicações Móveis (GSM) é um dos avanços tecnológicos mais significativos dos últimos tempos. É a estrutura celular mais utilizada atualmente no mundo. Nesta parte, vamos dar uma vista de olhos sobre a evolução do sistema GSM. No início dos anos 70, na cidade de Nova Iorque, a Bell Mobile Systems só podia suportar um número máximo de 12 chamadas simultâneas numa área de 1000 milhas quadradas. Os seus principais problemas eram a atribuição limitada do espetro e o aumento da procura de serviços de telefonia móvel. Os sistemas de primeira geração (1G) surgiram no final da década de 1970 e duraram até à década de 1980. Estes sistemas analógicos foram os primeiros verdadeiros sistemas de telefonia móvel, conhecidos inicialmente como "radiotelefonia móvel celular". Em 1982, nos Estados Unidos (EUA), a telefonia móvel 1G arrancou com a implantação do Advanced Mobile Phone Service (AMPS). O Total Access Communication System (TACS) foi introduzido no Reino Unido em 1985. Era a versão europeia do AMPS. Mais de 25 países utilizavam os serviços TACS.

O sistema Nordic Mobile Telephone (NMT) foi desenvolvido no final da década de 1980 pelas administrações de telecomunicações da Suécia, Noruega, Finlândia e Dinamarca para criar um sistema de telefonia móvel compatível nos países nórdicos. A segunda geração (2G) foi concebida na década de 1980, com base na tecnologia digital em vez da analógica. Um resultado negativo destes avanços tecnológicos foi uma corrida concorrencial para planear, conceber e pôr em funcionamento sistemas digitais que conduziram a uma diversidade de normas diferentes e incompatíveis, principalmente o Sistema Global de Comunicações Móveis (GSM), a Norma Interina-54 (IS-54) / Norma Interina-136 (IS-136), o TDMA Alargado (E-TDMA), o Personal Digital Cellular (PDC), a Norma Interina-95 CDMA (IS-95 CDMA).

O desenvolvimento do Sistema Global de Comunicações Móveis (GSM) teve início em 1982 e os serviços móveis baseados na tecnologia GSM foram lançados pela primeira vez na Finlândia em 1991. Atualmente, mais de 690 redes móveis fornecem serviços GSM em 213 países e o GSM representa 82,4% de todas as ligações móveis a nível mundial. De acordo com a GSM World, existem atualmente mais de 2 mil milhões de utilizadores de telemóveis GSM em todo o mundo. A GSM World refere a China como "o maior mercado GSM individual, com mais de 370 milhões de utilizadores, seguida da Rússia com 145 milhões, da Índia com 83 milhões e dos EUA com 78 milhões de utilizadores"[1].

Embora o GSM significasse inicialmente "Groupe Spéciale Mobile", nome do grupo de estudo que o criou, o acrónimo foi posteriormente alterado para "Global System for Mobile communications" (GSM)[2].

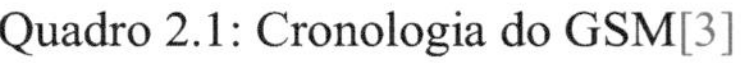

Quadro 2.1: Cronologia do GSM[3]

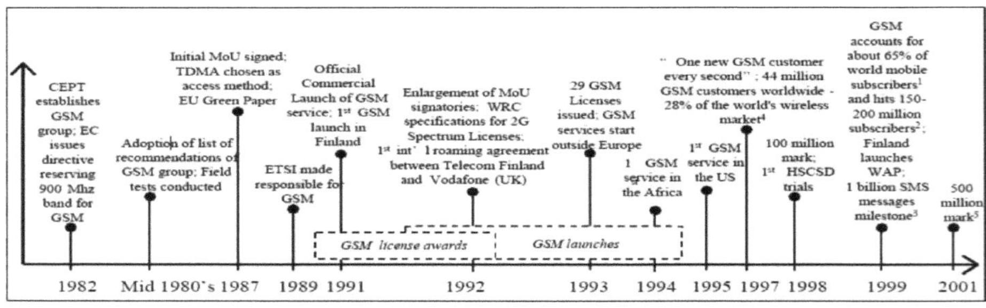

2. Arquitetura 3GSM

Uma rede GSM é uma combinação de múltiplos componentes e interfaces. É um conjunto de transceptores, comutadores e encaminhadores. Nesta secção, gostaríamos de apresentar todos os componentes essenciais e básicos que fazem parte integrante de uma infraestrutura GSM. A infraestrutura GSM pode ser dividida em três grupos principais:

Estação móvel (EM)

Subsistema de estação de base (BSS)

Subsistema de Rede e Comutação (NSS)

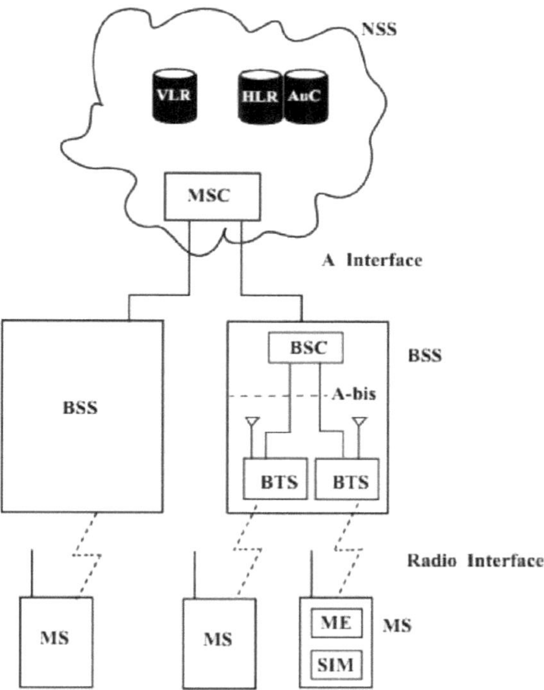

Figura 2.1: Arquitetura GSM

2.3.1 Estação móvel (EM)

O Equipamento Móvel (ME) e o Módulo de Identidade do Assinante (SIM) combinam-se para formar a Estação Móvel (EM). Se definirmos MS em termos de uma equação, obtemos

EM = ME + SIM

Figura 2.2: Estação móvel

Equipamento móvel (ME): É conhecido como equipamento terminal ou vulgarmente designado por hand set. De facto, o ME é o próprio telefone físico. É o hardware que comunica efetivamente com a rede GSM. Os seus elementos essenciais são o visor, o circuito eletrónico para transmitir e receber sinais, a bateria, etc. Cada ME tem um número único que é designado por número IMEI (International Mobile Equipment Identity). O número IMEI é instalado na placa de circuitos do telemóvel pela empresa fabricante e um telemóvel pode ser localizado pelo seu número IMEI. Os telemóveis ME estão disponíveis em vários estilos e classes de potência.

Módulo de Identidade do Assinante (SIM): Os dados do assinante são armazenados numa unidade separada, normalmente conhecida como cartão SIM. Do ponto de vista do utilizador, o SIM é, de facto, o diretório mais conhecido utilizado num sistema GSM. O SIM é um dispositivo de memória em miniatura instalado num cartão que contém credenciais específicas do utilizador.

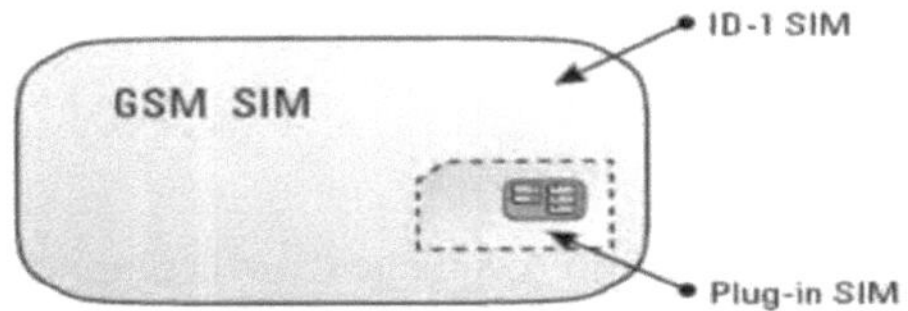

Figura 2.3: SIM GSM

Neste ponto, parece-me pertinente referir que tanto o SIM como o ME combinados têm quase as mesmas credenciais e elementos essenciais de uma rede GSM completa.

O SIM autoriza a separação da parafernália telefónica GSM e da base de dados associada. O assinante GSM é reconhecido pelo SIM em vez do ME, que é inserido no telemóvel antes de este poder ser utilizado, o que, de facto, proporciona uma mobilidade delicada. Os instrumentos necessários para a autenticação e o processo de cifragem são igualmente armazenados no SIM.

Tabela 2.2: Dados codificados no SIM[4]

Parameter	Remarks
Security related data	
Algorithm A3 and A8 (m/f)	Required for authentication and to determine Kc
Key Ki (m/f)	Individual value; known only on SIM and the HLR
Key Kc (m/v)	Result of A8, Ki, and random number (RAND)
CKSN (m/v)	Ciphering key sequence number
Subscriber data	
IMSI (m/f)	International mobile subscriber identity
MSISDN (o/f)	Mobile subscriber ISDN; directory number of a subscriber
Access control class(es) (m/f)	For control of network access
Roaming data	
TMSI (m/v)	Temporary mobile subscriber identity
Value of T3212 (m/v)	For location updating
Location updating status	Is a location update required?
LAI (m/v)	Location area information
Network color codes (NCCs) of restricted PLMNs (m/v)	Maximum of 4 PLMNs can be entered on a SIM after unsuccessful location update; cause "PLMN not allowed." Oldest entry deleted when more than 4 restricted PLMNs are found.
NCCs of preferred PLMNs (o/v)	What PLMN should the MS select, if there is more than one to choose from and the home PLMN is not available?
PLMN data	
NCC, mobile country code (MCC), and mobile network code (MNC) of the home PLMN (m/f)	Network identifier
Absolute radio frequency channel numbers (ARFCNs) of home PLMN (m/f)	Frequencies for which the home PLMN is licensed.

Legend: m = mandatory; o = optional; f = fixed, unchangeable value; v = changeable

Quadro 2.3: Dados administrativos

Parameter	Remarks
Administrative data	
PIN/PIN2 (m/v)	Personal identification number; requested at every powerup (PIN or PIN2)
PUK/PUK2 (m/f)	PIN unblocking key; required to unlock a SIM
SIM service table (m/f)	List of the optional functionality of the SIM
Last dialed number) (o/v)	Redial
Charging meter (o/v)	Charges and time increments can be set
Language (m/v)	Determines the language for prompts by the mobile station

2.3.2 Subsistema de estação de base (BSS)

O subsistema da estação de base é um subsistema da rede GSM utilizado para a gestão e o bom funcionamento da rede de rádio, que é gerido pelo centro de comutação móvel (MSC). Normalmente, vários BSSs são geridos por um MSC. Um BSS pode, por si só, fornecer cobertura a uma área significativamente maior, constituída por numerosas células. O BSS inclui o próprio BSC e as BTS ligadas. O BSS está subdividido em três partes principais:

Controlador da estação de base (BSC)

Estação Transceptora de Base (BTS)

Unidade de adaptação e taxa de transcodificação (TRAU)

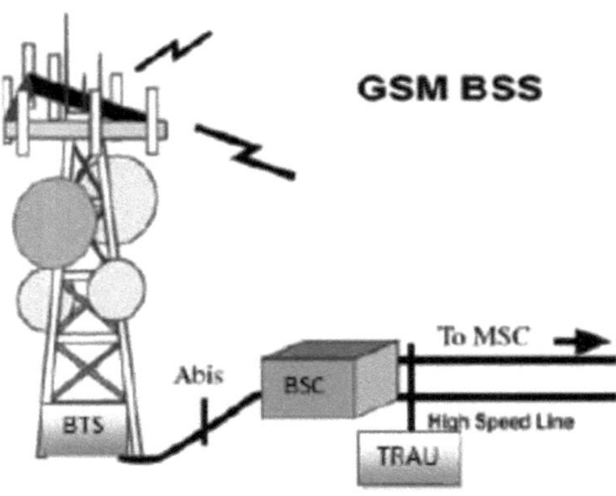

Figura 2.4: Subsistema da estação de base

Estação Transceptora de Base (BTS): A BTS é o elemento da rede que permite que os Estados-Membros acedam à rede. Gere a interface de difusão para os Estados-Membros. A BTS é o equipamento de difusão que comunica com os emissores-receptores onde são utilizadas secções de mastro para alimentar cada célula da rede. A interface de difusão entre a BTS e os Estados-Membros é designada por Um ou interface aérea.

A BTS é o elemento da rede responsável pela manutenção da interface aérea e pela minimização dos problemas de transmissão (a interface aérea é muito sensível a perturbações). Esta tarefa é realizada com a ajuda de cerca de 120 parâmetros. Estes parâmetros definem exatamente o tipo de BTS em questão e a forma como os Estados-Membros podem "ver" a rede quando se deslocam nessa área de BTS. Os parâmetros da BTS tratam dos seguintes pontos principais: que tipo de transferências (quando e porquê), organização da paginação, controlo do nível de potência de rádio e identificação da BTS[5].

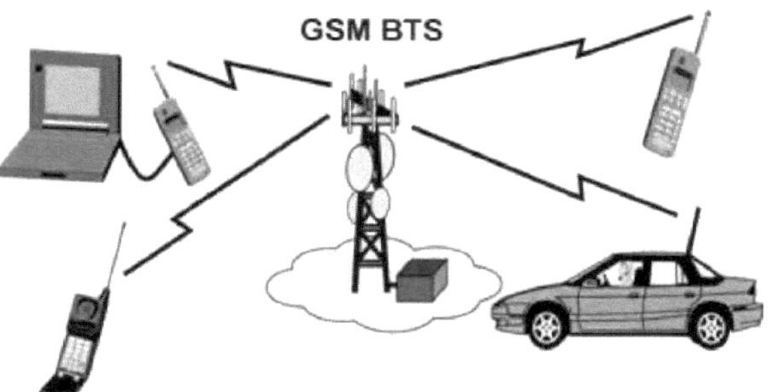

Figura 2.5: BTS

Uma única BTS cobre normalmente um sector de 120 graus de uma célula, pelo que uma torre de telefonia móvel com três BTSs dará cobertura a 360 graus completos à volta da torre e toda a área de uma célula será alimentada com comunicações. Uma célula pode ainda ser dividida em um ou mais sectores, o que depende exclusivamente do número de utilizadores e da área topográfica. Em caso de cobertura de um sector supérfluo, uma célula pode ser alimentada por um certo número de BTS. Uma BTS está normalmente localizada no meio de uma célula. A dimensão de uma célula depende da potência de transmissão da BTS. Cada BTS alimenta uma célula distinta.

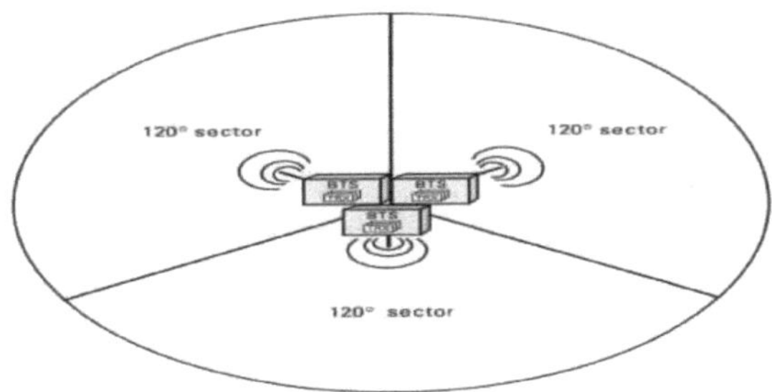

Figura 2.6: Sectores BTS

Uma BTS tem as seguintes funções [6]:

Codificação, cifragem, multiplexagem, modulação e transmissão de sinais de rádio

Descodificação, descodificação, demultiplexagem e desmodulação de sinais de rádio recebidos

Cada BTS serve uma única célula

Suporte para codec de voz de taxa total e meia taxa

Controlo do salto de frequência

Deteção de acesso aleatório

Avanço de temporização

Medições do canal de rádio de ligação ascendente

Controlador da estação de base (BSC): O BSC concede e gere todas as funções de controlo e a ligação física entre o MSC e a BTS. A BTS facilita a rede GSM com funções como o handover, os dados de configuração da célula e o controlo dos níveis de potência de radiofrequência (RF) nas BTSs. Uma ou mais BTSs são servidas por uma BSC, enquanto várias BSCs são geridas por uma única MSC. A interface utilizada para a comunicação entre as BTS e as BSC é conhecida como interface Abis. Caracteristicamente, a BSC fornece a *inteligência* às BTS e é o componente mais robusto do BSS.

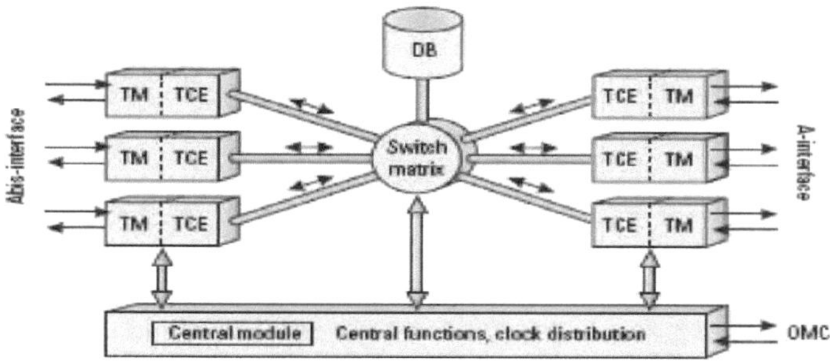

Figura 2.7: Diagrama de blocos do BSC

A BSC atribui e liberta frequências e faixas horárias para a MS. A BSC também trata da transferência entre células. Controla a transmissão de energia dos BSS e dos MS na sua área. A função do BSC é atribuir as faixas horárias necessárias entre a BTS e o MSC. É um dispositivo de comutação que gere os recursos de rádio. As funções adicionais incluem [7]:

Controlo do salto de frequência

Efetuar a concentração do tráfego para reduzir o número de linhas do MSC

Fornecimento de uma interface para o Centro de Operações e Manutenção para o BSS

Reatribuição de frequências entre BTSs

Sincronização de tempo e frequência

Gestão de energia

Medições do atraso temporal dos sinais recebidos dos Estados-Membros

Unidade de Transcodificação e Adaptação da Taxa (TRAU): A TRAU é um aspeto importante de uma rede móvel que se situa tipicamente entre o BSC e o MSC. Comprime os dados através da interface aérea para utilizar eficazmente a largura de banda atribuída e a compressão dos dados é efectuada tanto no MS como na TRAU. Do ponto de vista da arquitetura, a TRAU faz parte do BSS e a representação gráfica da TRAU é uma caixa negra ou, mais simbolicamente, uma pinça, uma vez que é utilizada para comprimir ou descomprimir a voz entre a MS e a TRAU.

O método utilizado chama-se regular pulse excitation-long term prediction (RPE-LTP).

Este método comprime a voz de 64 Kbps para 16 Kbps, no caso de um canal de débito total, e para 8 Kbps no caso de um canal de débito médio. No entanto, no ambiente PSTN, o débito normal para a voz é de 64 Kbits/s. A TRAU não é utilizada para ligações de dados. Na maior parte dos casos, a TRAU é instalada no local do MSC para obter o máximo benefício da compressão. Quando instalada no lado do MSC, um canal de voz de débito total utiliza apenas 16 Kbps na ligação entre o BSC e o MSC

2.3.3 Subsistema de rede e comutação (NSS): O NSS desempenha um papel central em todas as redes móveis. É constituído por uma série de elementos essenciais diferentes, conhecidos coletivamente como rede de base da infraestrutura GSM. Utilizando a cifragem, a autenticação e a itinerância, os vários elementos da rede do NSS desempenham as seguintes funções

Tratamento dos dados dos assinantes

Sinalização

Gestão da mobilidade (MM)

Cobrança/faturação

Controlo de chamadas

Configurar ligações de chamadas

Os subsistemas estão interligados direta ou indiretamente através da rede SS7 e o NSS fornece e gere todas as interfaces entre eles. O NSS tem uma topologia de rede mais flexível do que a estrutura hierárquica do BSS.

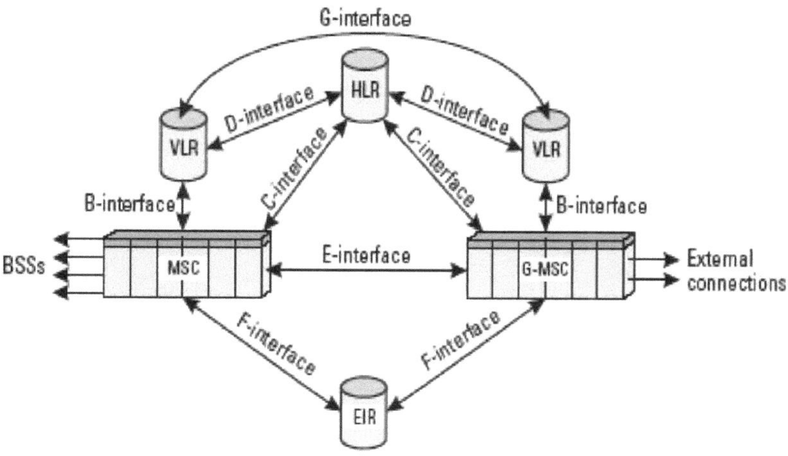

Figura 2.8: Interfaces entre elementos do SEN

O NSS está ainda subdividido nos seguintes subsistemas

Centro de serviços de comutação móvel (MSC)

Centro de Comutação Móvel de Gateway (GMSC)

Registo de Localização Principal (HLR)

Registo de Localização de Visitantes (VLR)

Registo de Identidade do Equipamento (EIR)

Centro de autenticação (AuC)

Gateway SMS (SMS-G)

Centro de estorno (CBC)

2.3.3.1 Centro de serviços de comutação móvel (MSC):

Sem dúvida que o MSC é o cérebro da rede GSM, pelo que, em virtude das suas funções, é a parte mais importante da rede GSM. É responsável por um grande número de BTS, BSC e corresponde mesmo a diferentes MSC. Podemos enumerar as funções adicionais desempenhadas pelo MSC da seguinte forma

Encaminhamento de chamadas para um assinante em roaming

Configuração de chamadas

Funções básicas de comutação

Handovers entre BSCs e MSCs

Registo

Autenticação

Atualização da localização

Fornece igualmente uma interface para a RTCP, de modo a que as chamadas possam ser encaminhadas da rede móvel para um telefone ligado a uma linha fixa. A interface entre o BSC e o MSC é conhecida como "Interface A". A interface entre dois centros de comutação móvel (MSC) é designada por "interface E".

2.3.3.2 Centro de Comutação Móvel de Gateway (GMSC):

O GMSC é como um MSC que fornece uma interface para comunicar com outras redes. Os operadores de rede podem optar por equipar todos os seus MSC com a funcionalidade de gateway. Qualquer MSC que não possua a funcionalidade de gateway encaminha as chamadas para redes externas através de um MSC de gateway. Uma chamada móvel terminada a partir da RTCP entra na PLMN através de um MSC de ligação que recolhe as informações necessárias do Home Location Register (HLR) e, em seguida, a chamada é reencaminhada pelo GMSC para o MSC específico onde o utilizador do telemóvel em causa está posicionado ou a chamada é transferida para o número de reencaminhamento com extensão.

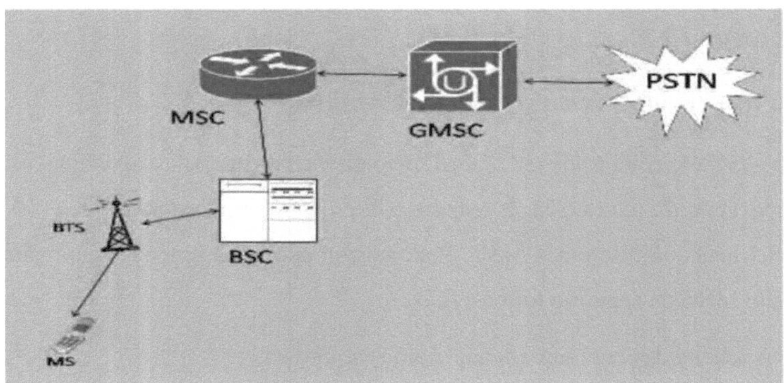

Figura 2.9: Gateway MSC

2.3.3.3 Registo de Localização Inicial (HLR):

O HLR é uma base de dados que contém todos os pormenores dos assinantes. Normalmente, toda a rede GSM é gerida por um único HLR, mas tendo em conta certas vantagens, são colocados mais de um HLR na rede. Na maior parte das redes GSM, tanto o Equipment Identity Register (EIR) como o Authentication Centre (AuC) fazem parte do HLR. O HLR contém todas as informações administrativas de todos os utilizadores inscritos nessa rede específica, incluindo as seguintes

Números de telefone (Número de Rede Digital de Serviços Integrados de Assinante Móvel (MSISDN))

IMSIs

Localização atual dos Estados-Membros

Dados de roaming

Ki

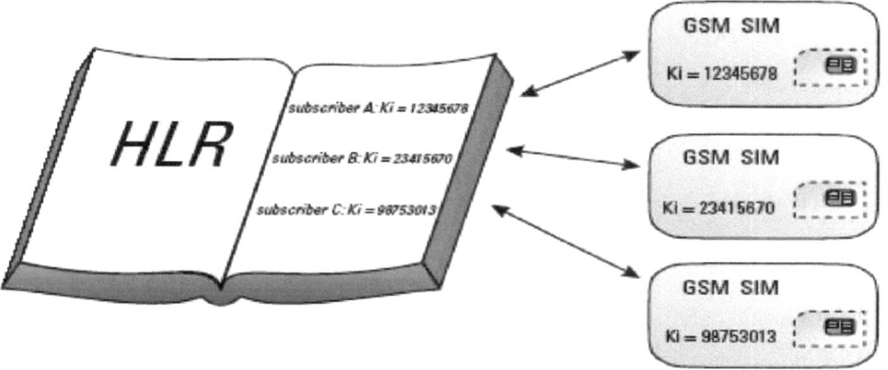

Figura 2.10: Registo da localização da residência

2.3.3.4 Registo de Localização de Visitantes (VLR):

Para reduzir a carga de trabalho do HLR, foi introduzido o VLR. O VLR está integrado no MSC e é uma base de dados que contém dados sobre os assinantes atualmente disponíveis na área que está a ser servida pelo MSC/VLR. Um VLR é uma base de dados, tal como um HLR, que contém momentaneamente dados dos consumidores em roaming de outras redes móveis na área servida pelo VLR. Estes dados do VLR baseiam-se nas informações do utilizador obtidas a partir de um HLR. O MSC lida com os assinantes de roaming através do VLR. Normalmente, um VLR é dedicado a um MSC.

Existe um VLR para cada Área de Localização A Área de Localização (LA) é um conjunto de estações de base que são agrupadas para otimizar a comunicação. O VLR reduz o número total de consultas ao HLR, reduzindo assim o tráfego da rede. O VLR é identificado pelo LAC, que é um número de dezasseis dígitos que identifica uma determinada LA dentro da rede GSM

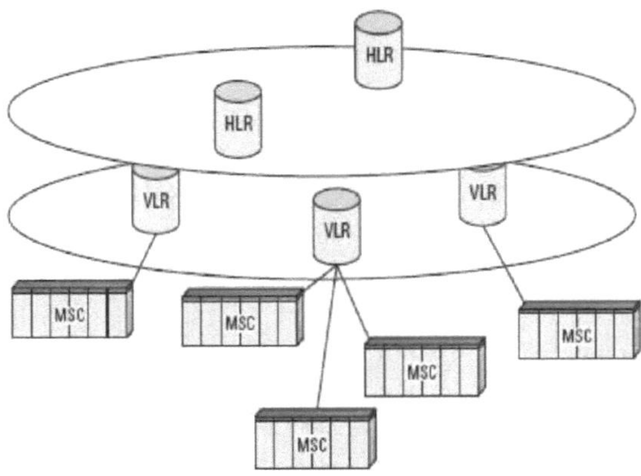

Figura 2.11: Registo da localização dos visitantes

2.3.3.5 Registo de Identidade do Equipamento (EIR):

O EIR é utilizado para fins de segurança e é responsável por dizer se o número IMEI da EM é válido ou não. Cada EM tem um número único e pode ser identificado por esse número, que é conhecido como número de identidade internacional do equipamento móvel (IMEI). O objetivo básico da EIR é introduzir um mecanismo de identificação e localização dos Estados-Membros e colocá-los sob vigilância.

O EIR mantém uma base de dados sob a forma das três listas seguintes:

A "lista branca" contém o registo de todos os Estados-Membros válidos e com segurança.

A "lista negra" contém o registo de todas as EM com números IMEI roubados, perdidos ou modificados.

A "lista cinzenta" contém o registo de todos os Estados-Membros colocados sob observação.

Atualmente, muitos operadores de GSM não incluem a EIR no seu SEN porque os preços dos telemóveis baixaram drasticamente.

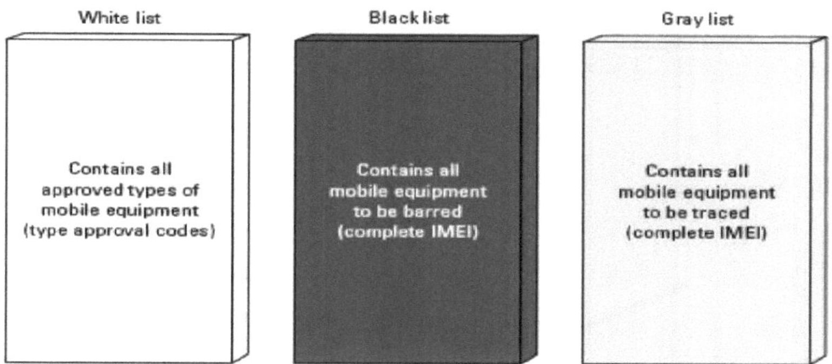

Figura 2.12: Listas de registo de identidade do equipamento

2.3.3.6 Centro de autenticação (AuC):

A AuC é responsável por fornecer diferentes parâmetros de segurança, como o número aleatório (RAND), a resposta assinada (SRES), a chave de sessão (Kc) e a chave de autenticação individual do assinante (Ki), que permitem à rede verificar se o cartão SIM é válido ou não. Os mesmos parâmetros de segurança são depois utilizados no processo de cifragem.

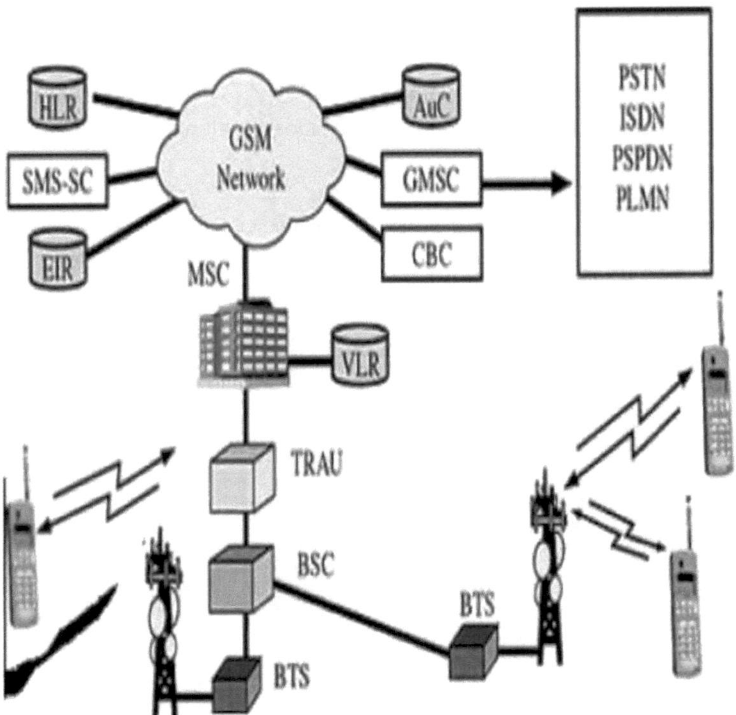

Figura 2.13: Arquitetura GSM completa

CAPÍTULO 3

CAMADAS GSM

Figura 3.1: Arquitetura do protocolo GSM

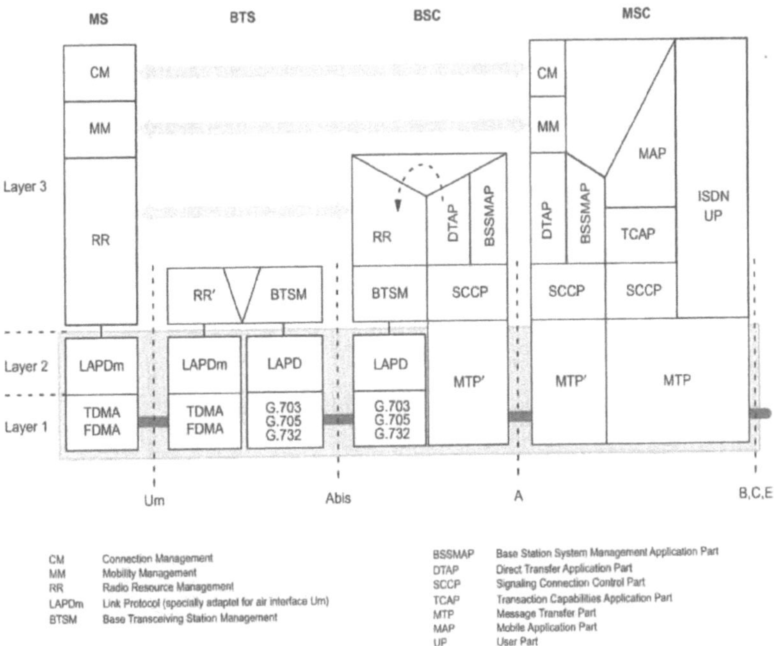

Figure 5.11 GSM protocol architecture for signaling.

Na interface "Um" A pilha GSM está dividida em 3 camadas,

Camada 1

Camada 2

Camada 3

3.1 Camada 1

O GSM utiliza a combinação dos esquemas TDMA e FDMA para proporcionar acesso a múltiplos utilizadores.

O GSM é utilizado em várias bandas, cada banda tem frequências de ligação ascendente e descendente. A banda 900 e a banda 1800 são utilizadas em quase todos os países. Na banda 900, 890-915 MHZ são utilizados para a ligação ascendente e 935-960 MHZ para a ligação descendente. Estas bandas de frequência de ligação ascendente e descendente disponíveis estão divididas em canais com 200 KHZ de largura. A estes canais é atribuído um número denominado ARFCN.

A ARFCN e a frequência estão relacionadas da seguinte forma

Para GSM 900

Ligação ascendente = 890,0 + (ARFCN * .2) MHZ

Ligação descendente = Ligação ascendente + 45,0 MHz

PARA DCS 1800

Ligação ascendente = 1710.0 + ((ARFCN - 511) * .2)

Ligação descendente = Ligação ascendente + 90,0 MHZ

	GSM 450	EGSM450	GSM850	GSM900	EGSM900	GSM1800	GSM1900
Uplink Freq. Range	450 to 458 MHz	478 to 486 MHz	824 to 849 MHz	890 to 915 MHz	880 to 915 MHz	1710 to 1785 MHz	1850 to 1910 MHz
Downlink Freq. Range	460 to 468 MHz	488 to 496 MHz	869 to 894 MHz	935 to 960 MHz	925 to 960 MHz	1805 to 1880 MHz	1930 to 1990 MHz
ARFCN	259 to 293	306 to 340	128 to 251	1 to 124	0 to 124 & 975 to 1023	512 to 885	512 to 810
Offset	10 MHz	10 MHz	45 MHz	45 MHz	45 MHz	95 MHz	80 MHz

No GSM, cada canal de 200 KHZ é dividido em 8 intervalos de tempo. Tanto na ligação ascendente como na descendente, as transmissões de rádio são efectuadas a uma taxa de dados de canal de 270,833 kbps. O esquema de modulação utilizado é GMSK com BT binário = 0,3. 0,3 descreve a largura de banda do filtro Gaussiano em relação à taxa de bits.

O GSM utiliza canais para transportar o tráfego através da interface "Um".

Estes canais dividem-se, em termos gerais, em duas categorias:

Canal físico

Canal lógico

O canal físico é o canal que obtemos para transmitir os nossos dados no ar (ou seja, ARFCN e time-slot). Podemos definir canal lógico como o canal que é mapeado para esse canal físico. Este canal lógico divide-se em duas partes: Canal de controlo e canal de tráfego

3.1.1 Canal físico

Um canal físico é determinado por uma frequência portadora com uma sequência de esperança definida e um número de time-slot.

No GSM, uma rajada é transmitida numa faixa horária. Cada time-slot tem uma duração de 576,92 μsec e um total de 156,25 bits são transmitidos durante esse tempo.

Existem cinco tipos de rajadas no sistema GSM. São eles:

Explosão normal

Rutura de sincronização

Rutura de acesso

Raio de correção de frequência

Explosão fictícia

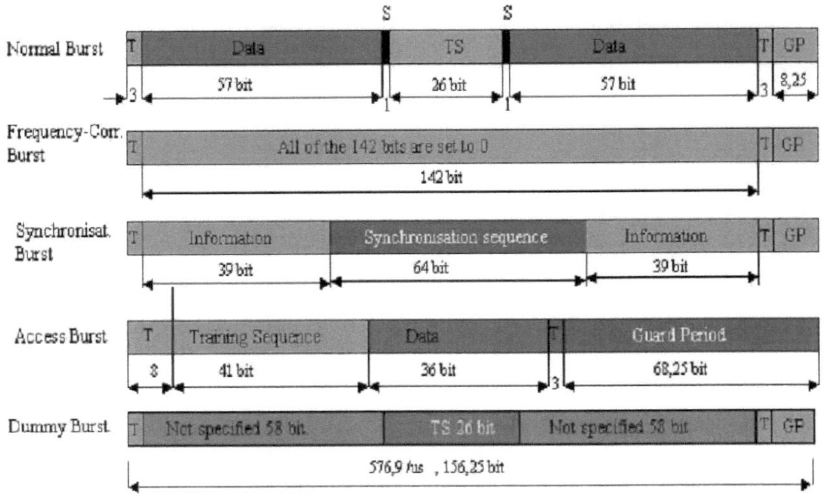

Figura 3.3: Ruturas GSM

O burst normal é praticamente utilizado em todos os tipos de canais para todos os tipos de transmissão de dados. As únicas excepções são o pedido inicial de canal que é enviado em rajada de acesso a partir da estação móvel e a transmissão da rajada de sincronização para dados de sincronização de uma BTS. Todas as outras transferências de dados em todos os canais de tráfego, canais de controlo dedicados e canais de controlo comuns nas direcções ascendente e descendente são efectuadas em rajadas normais.

O burst de sincronização é utilizado para transmitir informações sobre o canal de sincronização (SCH).

É transmitido da BTS para a estação móvel (ligação descendente)

A rajada de acesso é utilizada por uma estação móvel apenas para o acesso inicial a uma BTS, o que se aplica em dois casos:

Para uma configuração de ligação a partir do estado de inatividade e

Para a transferência

A BTS conhece o formato da rajada de acesso e, a partir do atraso de propagação, consegue determinar a distância entre a estação móvel e a BTS

O burst de correção de frequência é o burst mais simples utilizado no GSM. Este burst só é transmitido no canal de correção de frequência. Todos os bits deste burst são fixados em zero. Esta frequência de transmissão constante permite a uma EM sintonizar a sua frequência com a frequência BCCH

As rajadas fictícias são inseridas em faixas horárias de outra forma vazias na frequência BCCH

3.1.2 ESTRUTURA DO QUADRO GSM

No GSM, oito rajadas ou intervalos de tempo numerados de 0 a 7 formam um quadro TDMA. Cada quadro tem um número específico que se repete ao longo de um período de 3 horas, 28 minutos, 53 segundos e 760 milissegundos. A duração de um quadro TDMA é de 4,615ms (576,96u s* 8)

Os quadros TDMA são então agrupados em dois tipos de quadros múltiplos:

Multiframe de 26 quadros, compreendendo 26 multiframes com uma duração total de 120 ms (4.165ms *26), este multiframe é utilizado para transportar o tráfego e os canais de controlo associados

Multiframe de 51 quadros, composto por 51 multiframes com uma duração total de 235,4 ms (4,165ms *51), este multiframe é utilizado para transportar canais de controlo.

A estrutura multiquadro formada é multiplexada num único superquadro com uma duração de 6,12 segundos. Um superquadro é constituído por

51 quadros múltiplos de 26 quadros

26 quadros múltiplos de 51 quadros [8]

Estes superquadros são depois multiplexados para formar um hiperquadro. Um hiperquadro é composto por:

2048 superquadros (total de 2715648 quadros TDMA)

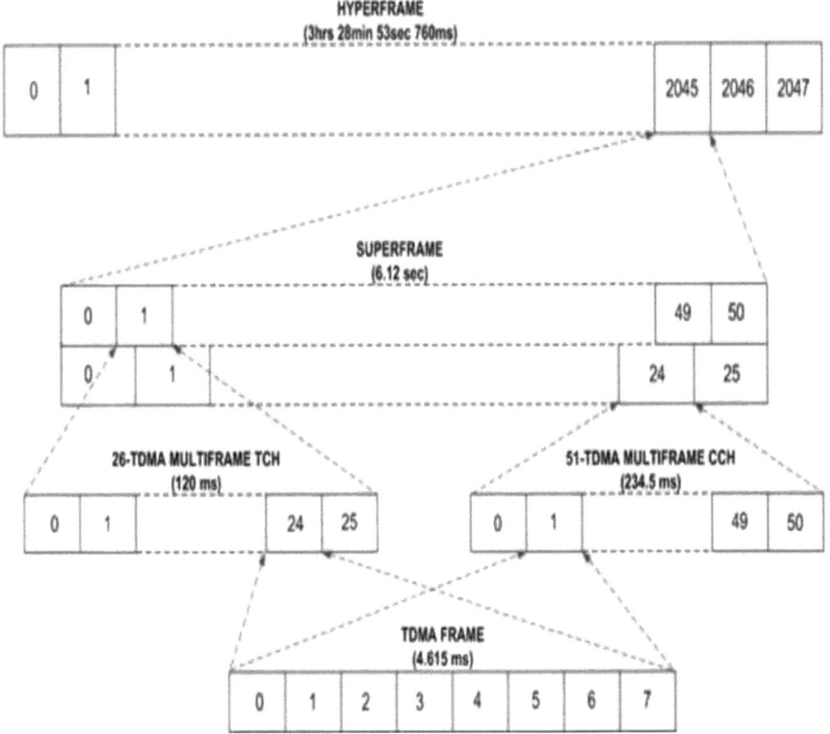

Figura 3.4: Composição dos quadros GSM

3.1.3 CANAL LÓGICO

Os canais lógicos podem ser determinados pelas informações que são transportadas no canal físico. Os canais lógicos são utilizados para transportar dados e informações de sinalização. Diferentes canais lógicos são mapeados em canais físicos.

Os canais lógicos podem ser divididos em duas categorias, que são as seguintes

Canais de tráfego

Canais de sinalização

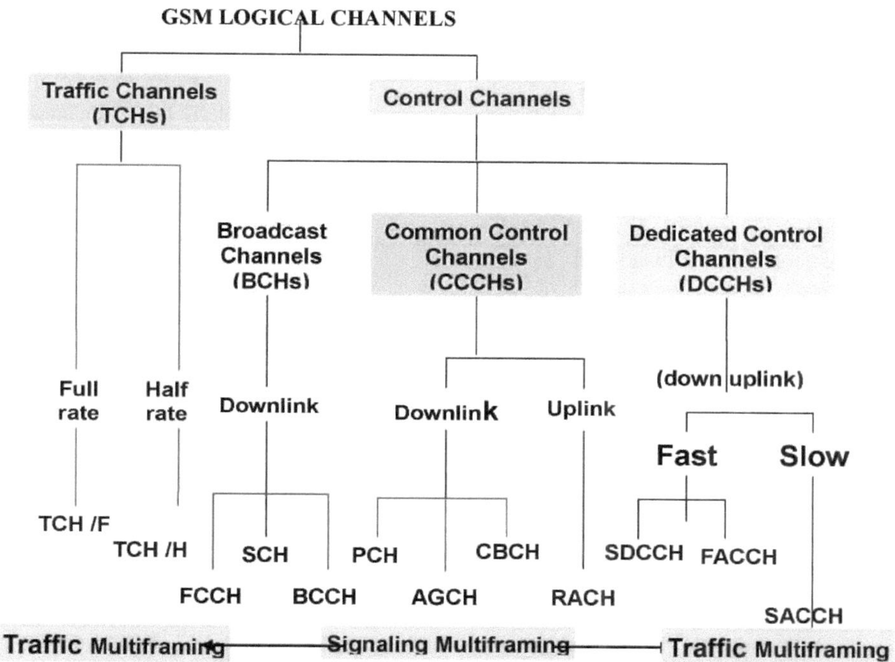

Figura 3.5: Canais lógicos GSM

Os canais de tráfego (TCH) transportam voz ou dados do utilizador codificados digitalmente e têm funções e formatos idênticos tanto na ligação ascendente como na ligação descendente. Podem ser de débito total ou de meio débito. Quando é utilizado para transmitir a débito total, os dados do utilizador estão contidos num intervalo de tempo por fotograma . Quando é transmitido a meio débito, os dados do utilizador são transmitidos a meio débito, os dados do utilizador são enviados em quadros alternados. Cada grupo de 26 quadros TDMA é chamado de quadro múltiplo de fala. Por cada vinte e seis fotogramas, no caso da taxa total, o décimo terceiro e o vigésimo sexto fotogramas consistem em dados SACCH ou no fotograma inativo, respetivamente.

Os canais de controlo (CCH) transportam a sinalização e os comandos de sincronização entre a estação de base e a estação móvel. No sistema GSM, existem três canais de controlo principais. São eles o canal de difusão, o canal de controlo comum e o canal de controlo dedicado. O CCCH e o BCH são canais de controlo de avanço e só são implementados em determinados canais ARFCN, sendo-lhes atribuídas faixas horárias de forma muito específica.

O canal de difusão, dentro de uma célula, opera na ligação direta de um ARFCN específico. O BCH tem a direção da BTS para a estação móvel. O BCH serve de canal de balizamento para que qualquer móvel próximo identifique a BTS. O BCH é definido por três tipos. Estes três tipos são

Canal de controlo de difusão (BCCH)

Canal de correção de frequência (FCCH)

Canal de sincronização (SCH)

O BCCH é o canal de controlo de avanço e é utilizado para difundir informações como a identidade da célula e a identidade da rede. O BCH também nos informa sobre as células que servem e as células vizinhas através de elementos de informação.

O FCCH permite que cada assinante sincronize a sua frequência interna com a frequência da estação de base. O SCH é transmitido no intervalo de tempo 0 do quadro imediatamente a seguir ao quadro FCCH. Isto permite que cada telemóvel sincronize o quadro com a estação emissora-recetora de base.

O canal de controlo comum é composto por três canais diferentes, que são :

Canal de paginação (PCH)

Canal de acesso aleatório (RACH)

Canal de concessão de acesso (AGCH)

A PCH fornece os sinais de chamada de pessoas da BTS a todos os telemóveis ligados à essa BTS. O RACH é um canal de ligação inversa utilizado por uma unidade de assinante para confirmar que recebeu a mensagem de chamada de pessoas ou que pretende efetuar uma chamada. O AGCH é utilizado pela BTS para instruir o telemóvel a operar num determinado canal físico.

No GSM existem três tipos principais de canais de controlo dedicados, que são bidireccionais e têm os mesmos formatos na ligação ascendente e descendente. Os três tipos de canais de controlo dedicados são

Canais de controlo dedicados autónomos (SDCCH)

Canais de controlo lentos associados (SACCH)

Canais de controlo associados rápidos (FACCH)

Os canais de controlo dedicados autónomos são utilizados para fornecer serviços de sinalização exigidos pelos utilizadores. O SACCH e o FACCH são utilizados para a transmissão de dados de supervisão entre o telemóvel e a BTS durante uma chamada (modo dedicado)

3.2 CAMADA 2

Ao contrário da camada 1, que depende do hardware, a camada 2 do GSM é totalmente independente do hardware. A camada 2 implementa o protocolo LAPDm que é especificado na TS 04.06 do GSM. O protocolo LAPDm é um derivado da camada 2 da RDIS, designado por LAPD. O LAPD é descendente da família de protocolos HDLC.

A função do LAPDm é fornecer canais de comunicação para o nível 3. Através da utilização de números de sequência e de retransmissões, estes canais estão protegidos contra a perda de quadros. O pequeno "m" em LAPDm significa modificado. A versão modificada do LAPD é uma versão optimizada para a interface aérea GSM e foi particularmente modificada para lidar com os recursos e as peculiaridades da ligação rádio.

Do quadro LAPD foram retiradas todas as peças dispensáveis para poupar recursos.

3.3 CAMADA 3

No nível 3 do GSM, são descritas as mensagens enviadas entre a BTS e a MS, que são designadas por mensagens do nível 3 do GSM. Estas mensagens são ainda classificadas como

Mensagens de recursos de rádio (RR)

Mensagens de gestão da mobilidade (MM)

Mensagens de controlo de chamadas (CC)

Um cabeçalho típico da camada 3 é mostrado abaixo

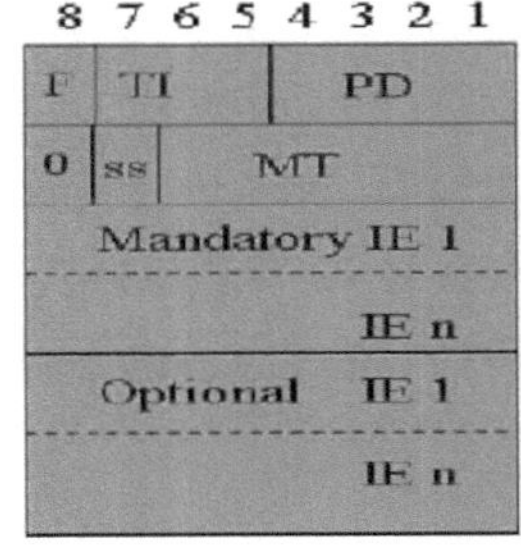

Figure 3.6: Cabeçalho da camada 3

O PD é um discriminador de protocolo utilizado na interface aérea para classificar todas as mensagens em grupos e permite, na camada 3, o endereçamento de vários utilizadores. Os valores de PD para RR, MM e CC são os indicados no quadro seguinte

Protocol Discriminators on the Air-Interface

PD	Service Class
06	RR (radio resource management)
05	MM (mobility management)
03	CC (call control) SS (supplementary services) SMS (short-message services)

Figure 3.7: Discriminadores de protocolo

O número de mensagens é definido como mensagens RR, MM ou CC. Em cada tipo, estas mensagens são identificadas pelo campo Tipo de mensagem (MT) [9]

3.7.1 Mensagens de recursos de rádio

As mensagens RR são necessárias para gerir os canais lógicos e físicos na interface aérea. Dependendo do tipo de mensagem RR, o processamento das mensagens é efectuado pelo MS, no BSS, ou mesmo no MSC.

O envolvimento do BSS distingue as mensagens RR das mensagens MM e CC.

RR O tipo de mensagem pode ser (com os valores MT em HEX)

Table 3.1: Mensagens RR e códigos hexadecimais

00111 xxx	Channel establishment messages:
011	ADDITIONAL ASSIGNMENT
111	IMMEDIATE ASSIGNMENT
001	IMMEDIATE ASSIGNMENT EXTENDED
010	IMMEDIATE ASSIGNMENT REJECT
00110 xxx	Ciphering messages:
101	CIPHERING MODE COMMAND
010	CIPHERING MODE COMPLETE

00101 xxx	Handover messages:
110	ASSIGNMENT COMMAND
001	ASSIGNMENT COMPLETE
111	ASSIGNMENT FAILURE
011	HANDOVER COMMAND
100	HANDOVER COMPLETE
000	HANDOVER FAILURE
101	PHYSICAL INFORMATION
00001 xxx	Channel release messages:
101	CHANNEL RELEASE
010	PARTIAL RELEASE
111	PARTIAL RELEASE COMPLETE
00100 xxx	Paging messages:
001	PAGING REQUEST TYPE 1
010	PAGING REQUEST TYPE 2
100	PAGING REQUEST TYPE 3
111	PAGING RESPONSE

00011 xxx	System information messages:
000	SYSTEM INFORMATION TYPE 8
001	SYSTEM INFORMATION TYPE 1
010	SYSTEM INFORMATION TYPE 2
011	SYSTEM INFORMATION TYPE 3
100	SYSTEM INFORMATION TYPE 4
101	SYSTEM INFORMATION TYPE 5
110	SYSTEM INFORMATION TYPE 6
111	SYSTEM INFORMATION TYPE 7
00000 xxx	System information messages:
010	SYSTEM INFORMATION TYPE 2bis
011	SYSTEM INFORMATION TYPE 2ter
101	SYSTEM INFORMATION TYPE 5bis
110	SYSTEM INFORMATION TYPE 5ter
00010 xxx	Miscellaneous messages:
000	CHANNEL MODE MODIFY
010	RR STATUS
111	CHANNEL MODE MODIFY ACKNOWLEDGE
100	FREQUENCY REDEFINITION
101	MEASUREMENT REPORT
110	CLASSMARK CHANGE
011	CLASSMARK ENQUIRY

3.3. 2Gestão da mobilidade

Os canais fornecidos pelo RR são utilizados pelo MM para trocar dados de forma transparente entre a EM e o NSS. Numa perspetiva hierárquica, o MM está acima do RR, porque os dados do MM já são dados do utilizador. As aplicações típicas do MM incluem a atualização da localização, a ligação/desligação do IMSI e a autenticação

MM O tipo de mensagem pode ser (com os valores MT em HEX)

Table 3.2: Mensagens MM e códigos hexadecimais

0x00	xxxx	Registration messages:
	0001	IMSI DETACH INDICATION
	0010	LOCATION UPDATING ACCEPT
	0100	LOCATION UPDATING REJECT
	1000	LOCATION UPDATING REQUEST
0x01	xxxx	Security messages:
	0001	AUTHENTICATION REJECT
	0010	AUTHENTICATION REQUEST
	0100	AUTHENTICATION RESPONSE
	1000	IDENTITY REQUEST
	1001	IDENTITY RESPONSE
	1010	TMSI REALLOCATION COMMAND
	1011	TMSI REALLOCATION COMPLETE
0x10	xxxx	Connection management messages:
	0001	CM SERVICE ACCEPT
	0010	CM SERVICE REJECT
	0011	CM SERVICE ABORT
	0100	CM SERVICE REQUEST
	1000	CM REESTABLISHMENT REQUEST
	1001	ABORT
0x11	xxxx	Miscellaneous messages:
	0001	MM STATUS

3.3.3 Controlo de chamadas

O CC utiliza a ligação fornecida pela RR para o intercâmbio de informações.

O CC é responsável pelo estabelecimento/encerramento de uma chamada, etc.

CC O tipo de mensagem pode ser (com os valores MT em HEX)

Quadro 3.3: Mensagens CC e códigos hexadecimais

0x00	0000	Escape to nationally specific message types
0x00	xxxx	Call establishment messages:
	0001	ALERTING
	1000	CALL CONFIRMED
	0010	CALL PROCEEDING
	0111	CONNECT
	1111	CONNECT ACKNOWLEDGE
	1110	EMERGENCY SETUP
	0011	PROGRESS
	0101	SETUP
0x01	xxxx	Call information phase messages:
	0111	MODIFY
	1111	MODIFY COMPLETE
	0011	MODIFY REJECT
	0000	USER INFORMATION
	1000	HOLD
	1001	HOLD ACKNOWLEDGE
	1010	HOLD REJECT
	1100	RETRIEVE
	1101	RETRIEVE ACKNOWLEDGE
	1110	RETRIEVE REJECT
0x10	xxxx	Call clearing messages:
	0101	DISCONNECT
	1101	RELEASE
	1010	RELEASE COMPLETE
0x11	xxxx	Miscellaneous messages:
	1001	CONGESTION CONTROL
	1110	NOTIFY
	1101	STATUS
	0100	STATUS ENQUIRY
	0101	START DTMF
	0001	STOP DTMF
	0010	STOP DTMF ACKNOWLEDGE
	0110	START DTMF ACKNOWLEDGE
	0111	START DTMF REJECT
	1010	FACILITY

3.3.4 Atualização da localização

No GSM, existem três tipos de atualização da localização, a saber

Atualização do local, tipo Normal

Atualização da localização, tipo de ligação IMSI

Atualização da localização, tipo Registo periódico

A estação móvel ouve a informação do sistema, compara a Identidade da Área de Localização com a que está armazenada no cartão SIM (no canal BCCH se estiver em modo inativo ou no canal SACCH se estiver em modo ativo) e detecta se entrou numa nova área de localização ou se continua na mesma área de localização. Se o LAI difundido for diferente do armazenado no cartão SIM, a EM deve efetuar uma atualização de localização, do tipo normal.

A ligação IMSI é um procedimento utilizado pela estação móvel para notificar o sistema de que foi ligada. Neste caso, a MS deve efetuar uma atualização da localização, tipo IMSI attach.

O registo periódico é utilizado para evitar a paginação desnecessária dos telemóveis nos casos em que o MSC nunca recebe a mensagem de desvinculação do IMSI. [10]

CAPÍTULO 4

AUTENTICAÇÃO E CIFRAGEM GSM

Para garantir a segurança e o sigilo das informações (dados e voz) na rede GSM, é adotado um procedimento de autenticação para assegurar a validade do utilizador, de modo a que só o cliente autorizado possa ter acesso à rede. Os operadores de GSM também implementam o procedimento de cifragem através de algoritmos de encriptação na sua rede para obter uma comunicação fiável e segura. Na parte seguinte, veremos um a um como estes procedimentos de autenticação e cifragem são implementados na rede GSM.

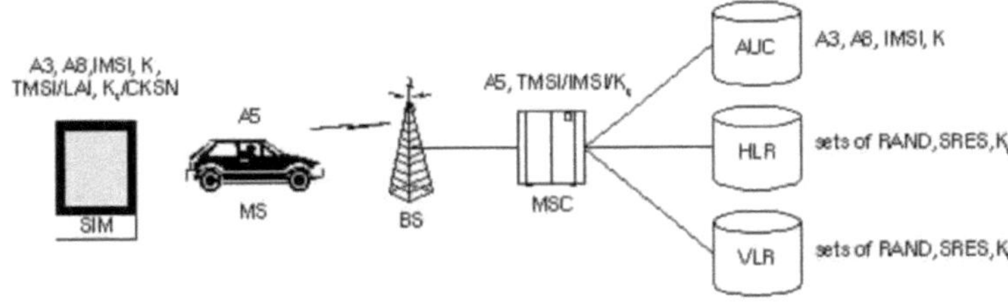

Figura 4.1: Distribuição dos parâmetros de segurança na rede GSM

4.1 Procedimento de autenticação:

Sempre que um MS precisa de aderir a uma rede GSM, o MS tem de ser autenticado pelo operador GSM. O processo de autenticação garante que o cliente específico é o utilizador autorizado da rede e que o seu cartão SIM é válido e legal para a rede. Para este efeito, são seguidos os seguintes passos:

Quando uma EM pretende aceder a uma rede GSM, encaminha o seu IMSI para o HLR através da MSC. A MSC solicitará ao HLR os tripletos de autenticação.

Ao receber o pedido de autenticação, o HLR começa por verificar a validade do IMSI, quer se trate de um utilizador autorizado ou não. Ao garantir a validade do utilizador, o pedido é encaminhado para a AuC.

Este IMSI será utilizado pela Auc para descobrir o Ki associado. Sempre que um SIM é criado, tanto o IMSI como o Ki são gerados em pares para um cartão SIM específico.

Tanto o IMSI como o

Os Ki são armazenados no SIM e também na base de dados AuC. O Ki é a chave de autenticação do assinante individual de 128 bits. O número aleatório (RAND) de 128 bits também é gerado pelo AuC.

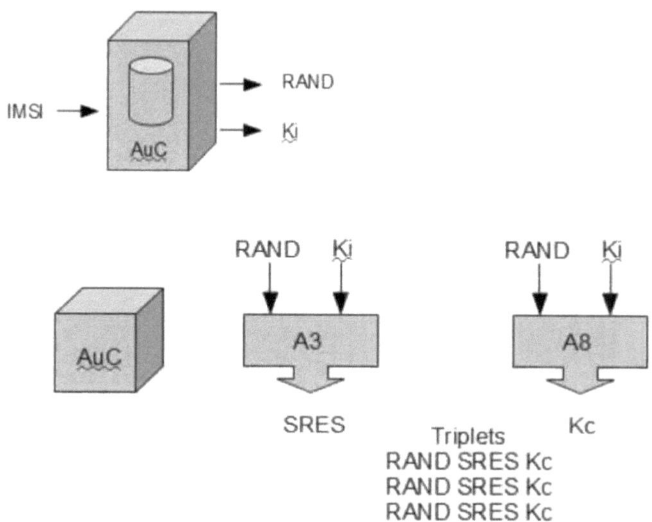

Figura 4.2: Geração de tripletos de autenticação

Tanto o Ki como o RAND são utilizados pelo algoritmo de encriptação A3 para gerar uma resposta assinada (SRES) de 32 bits. Os SRESs calculados pelo AuC e pelo MS são comparados e utilizados para efeitos de autenticação.

Tanto Ki como RAND são utilizados pelo algoritmo de cifragem A8 para gerar uma chave de sessão (Kc) de 64 bits. A Kc é a chave de cifra que será utilizada no processo de cifra.

O AuC gera muitos conjuntos de tripletos e um deles é constituído por RAND, SRES e Kc. Cada conjunto de tripletos é criado de forma única para cada IMSI.

Ao gerar os tripletos, a AuC enviará estes conjuntos de tripletos ao MSC requerente através do HLR.

Ao receber os tripletos do HLR, tanto o Kc como o SRES serão armazenados no MSC, enquanto o RAND será enviado ao MS para calcular o SRES para efeitos de autenticação.

Ao receber a RAND do MSC, o MS utilizará esta RAND para calcular o SRES e o Kc utilizando os algoritmos Ki, A3 e A8 que se encontram no cartão SIM.

Os SRESs calculados pela AuC e pelo MS são comparados e, se ambos os SRESs corresponderem um ao outro, a autenticação é concluída.

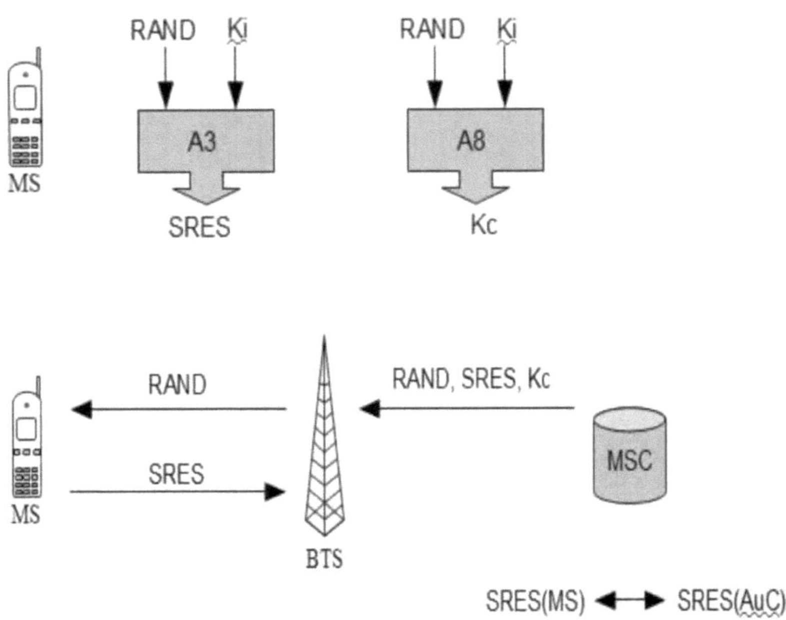

Figura 4.3: Geração de SRES e Kc na EM e conclusão do procedimento de autenticação

4.2 Procedimento de cifra:

O procedimento de cifragem é uma ação em que os dados em texto simples são convertidos em dados cifrados ou codificados, utilizando a chave de cifragem Kc e o algoritmo de cifragem A5. A confidencialidade e o anonimato na comunicação através da ligação sem fios são obtidos utilizando os algoritmos de cifragem A3 e A8. Para aplicar a cifragem na rede GSM, seguem-se os passos seguintes.

Quando a autenticação estiver concluída, o MSC passará o Kc já armazenado para o BTS em causa e nunca será transmitido na interface aérea. Em seguida, o MSC ordena que tanto a BTS como a MS iniciem o modo de cifra.

A BTS cria dados cifrados através do algoritmo A5, utilizando o texto simples e a chave de cifra Kc. Da mesma forma, o MS gera dados cifrados a partir do texto simples e da Kc, utilizando o algoritmo A5, que é armazenado no ME e não no cartão SIM.

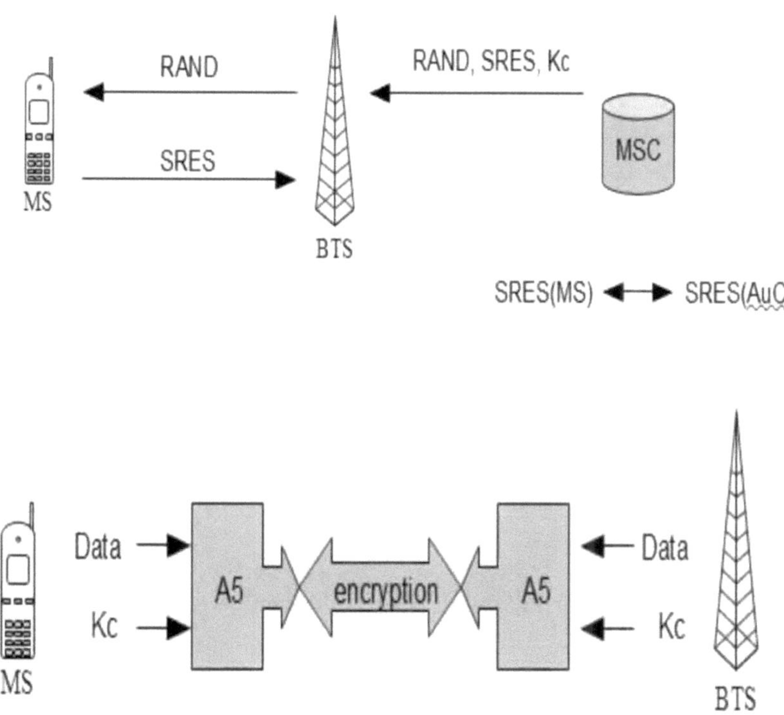

Figura 4.4: Procedimento de cifragem

4.3 Algoritmos de encriptação

O GSM incorpora mecanismos de segurança, que os operadores de rede e os assinantes utilizam para garantir a integridade da rede. Estes mecanismos são utilizados para autenticar os assinantes e cifrar as suas conversas através do ar para garantir o sigilo dos dados dos clientes.

Existem três tipos principais de algoritmos criptográficos: o algoritmo A3 é utilizado na autenticação, o algoritmo A5 produz uma cifra de fluxo utilizada para a cifragem e o algoritmo A8 é um algoritmo de acordo de chaves. A conceção do algoritmo A3 e A8 não está publicada em nenhuma especificação do GSM, a conceção exacta do algoritmo depende do operador, no entanto muitos operadores utilizaram o exemplo denominado COMP128 dado no Memorando de Entendimento GSM (MoU). Atualmente, existem duas versões da cifra A5: A5/1, uma cifra forte, e A5/2, uma versão fraca da cifra, sem limitações em matéria de itinerância. A conceção exacta do A5/1 e do A5/2 foi objeto de engenharia inversa em 1999 por Briceno, Goldberg e Wagner. Ambas as cifras são cifras de fluxo, uma nova versão que ainda não é utilizada no GSM mas está normalizada na rede GSM é a A5/3, que se baseia numa cifra de bloco chamada Kasumi. A especificação desta cifra foi publicada oficialmente e é considerada como o algoritmo mais seguro da rede GSM.

4.3.1 Autenticação A3 / Geração de chaves A8

O algoritmo é utilizado no procedimento de autenticação, produzindo SRes de 32 bits com a entrada de um parâmetro de autenticação de 128 bits Rand e uma chave mestra partilhada Ki. Com a mesma entrada, o algoritmo A8 produz a chave de sessão Kc, uma vez que ambos utilizam a mesma entrada, pelo que A3/A8 são normalmente implementados em conjunto.

Ambos os A3/A8 foram baseados no COMP128, o projeto do COMP128 era totalmente privado, pelo que nunca foi publicado e, por conseguinte, não foi objeto de revisão pelos pares.

Figura 4.5: Procedimento A3

4.3.2 A5/1

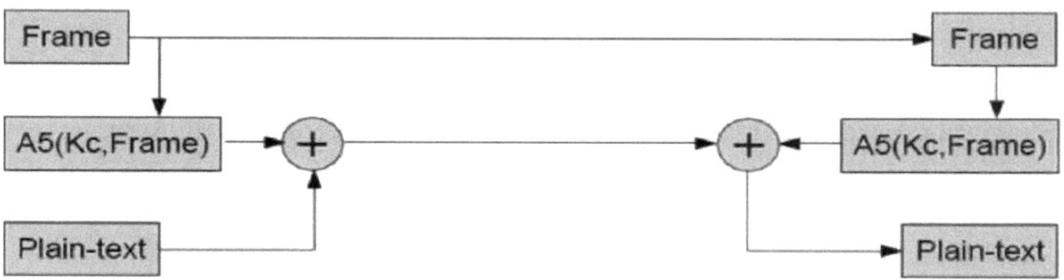

Figura 4.6: Processo de encriptação A5/1

O A5/1 é utilizado para cifrar o tráfego de voz e de dados dos utilizadores entre a estação móvel e o subsistema da estação de base para garantir a privacidade.

A cifra A5/1 utiliza a chave de sessão Kc e o número de quadro publicamente conhecido para gerar sequências de cifra que são depois Xored pelo texto simples de 114 bits na ligação ascendente e descendente em ambas as direcções para encriptar a comunicação.

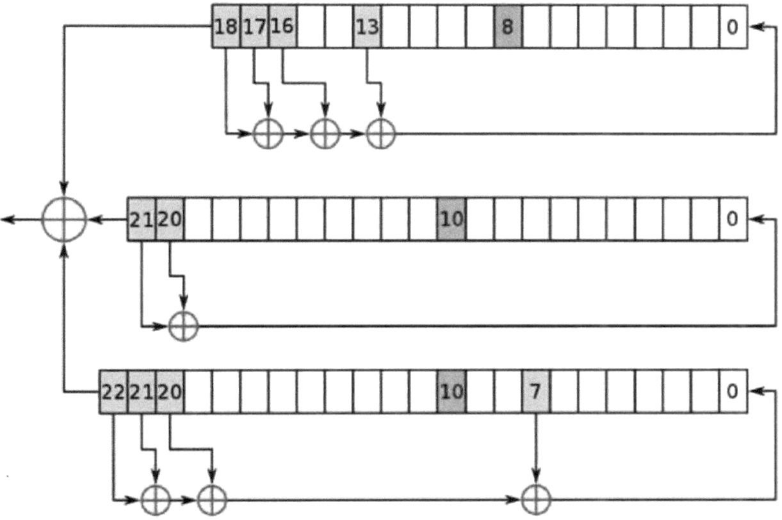

Figura 4.7: A5/1 funcionamento interno

Os três registos utilizados no A5/1 são designados por Linear Feedback Shift Registers (LFSRs), que são inicializados com um Kc de 64 bits e um número de quadro de 22 bits conhecido publicamente. Cada registo tem um bit de sincronização (8, 10 e 10). Um registo é sincronizado se o seu bit de sincronização coincidir com o bit de maioria.

Inicialmente, os registos são colocados a zero. Depois, durante 64 ciclos, a chave secreta de 64 bits é misturada de acordo com o seguinte esquema: no ciclo 0<{i}<64, o i-ésimo bit de chave é adicionado ao bit menos significativo de cada registo usando XOR

R[0] = R[0] Xor K[i]

Cada registo é então sincronizado.

Do mesmo modo, os 22 bits do número de fotogramas são adicionados em 22 ciclos. Em seguida, todo o sistema é sincronizado utilizando o mecanismo normal de sincronização maioritária durante 100 ciclos, sendo a saída descartada. Depois de concluído este processo, a cifra está pronta para produzir duas sequências de 114 bits do fluxo de chaves de saída, as primeiras 114 para a ligação descendente e as últimas 114 para a ligação ascendente.

4.3.3 A5/2

A5/2 utiliza os mesmos parâmetros para a cifragem, mas a sua estrutura interna é diferente de A5/1, como mostra a figura

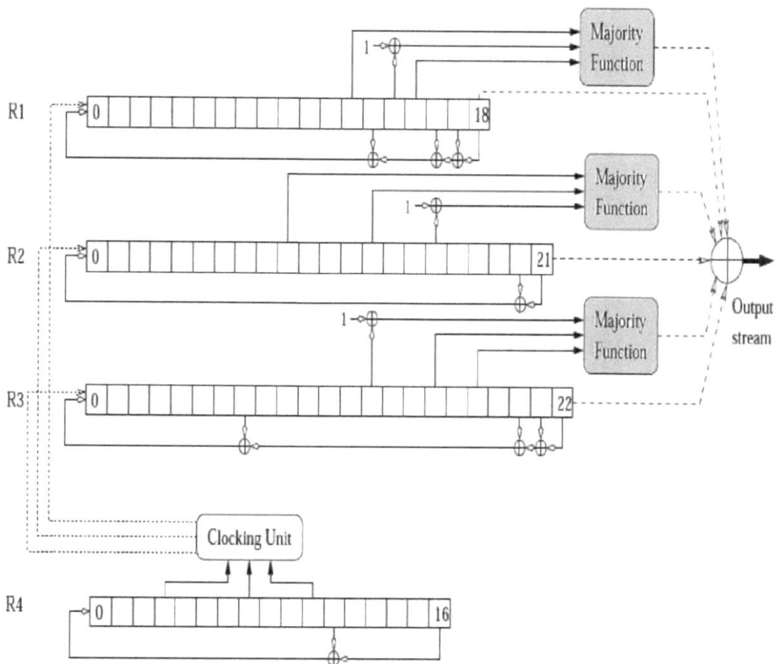

Figura 4.8: Trabalho interno A5/2

A5/2 consiste em 4 LFSRs R1, R2, R3 e R4, estes registos têm um comprimento de 19, 22, 23 e 17 bits, respetivamente. Em cada etapa de A5/2, R1, R2 e R3 são sincronizados de acordo com um mecanismo de sincronização e, em seguida, R4 é sincronizado. Depois de efectuado o relógio, um bit de saída está pronto na saída.

O relógio é executado porque R4 controla o relógio de R1, R2 e R3, R4{3}, R4{7} e R4{10} são entradas da unidade de relógio, o relógio executa a função de maioria nos bits. O R1 é posto a funcionar se o R4{1} estiver de acordo com a maioria, o R2 é posto a funcionar se o R4{3} estiver de acordo com a maioria e o R3 é posto a funcionar se o R4{7} estiver de acordo com a maioria.

A inicialização dos quatro registos é feita de forma semelhante à de A5/1, depois os bits R1{15}, R2{16}, R3{18} e R4{10} são 1, depois corre-se o A5/2 durante 99 clocks e descarta-se a saída e depois corre-se o A5/2 durante 228 clocks e usa-se a saída como fluxo de chaves.

CAPÍTULO 5

DESENHO

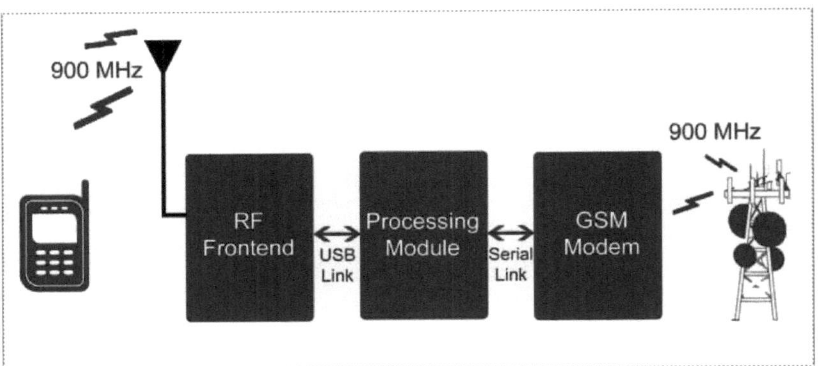

Figura 5.1: Desenho do farejador

A conceção de um ataque ativo utiliza dois dispositivos, nomeadamente o modem GSM e a BTS falsa (RF Front end e módulo de processamento na figura). A BTS falsa é utilizada para criar a nossa própria rede GSM, o que é feito utilizando o dispositivo Universal Software Radio Peripheral (USRP), um computador portátil e uma versão modificada do software OpenBTS. Em segundo lugar, o modem GSM é criado utilizando um telemóvel Sony Ericsson J100 que funciona como modem GSM e é utilizado para comunicar com a rede original. Para controlar o modem GSM de modo a servir o objetivo pretendido, o firmware do telefone (escrito em linguagem C) foi modificado e personalizado. A BTS falsa e o modem GSM comunicam entre si através de uma ligação em série, enquanto a comunicação entre a EM vítima e a BTS falsa é efectuada através da interface Um. O capítulo seguinte contém uma descrição pormenorizada da BTS falsa e do modem GSM.

5.1 Modem GSM:

Tal como descrito acima, o modem GSM é o equipamento utilizado para comunicar com a rede móvel original em nome da vítima, roubando algumas credenciais da vítima e utilizando-as depois para falsificar a identidade da vítima. O modem GSM tem de ser capaz de enviar e receber comunicações de voz e de dados SMS para a rede móvel. O modem GSM tem de comunicar e também sincronizar as suas acções com a BTS falsa.

O modem GSM recebe a transmissão do telemóvel da vítima e transmite-a ao operador de rede móvel original. Utilizando esta técnica de ataque man in the middle, o atacante pode modificar ou criar dados também em nome da vítima.

Quando o atacante inicia o GSM sniffer, o modem GSM aguarda o comando de ataque com o IMSI da vítima. O IMSI da vítima é gravado num ficheiro e, mais tarde, quando o modem GSM é solicitado a registar-se na rede móvel original, este IMSI é enviado pelo modem GSM (módulo GSM). Com isto, inicia-se o processo de autenticação e a rede envia um número aleatório RAND de 128 bits. Este RAND é enviado para a estação móvel da vítima através da BTS falsa. Em resposta ao RAND, o MS vítima envia o SRES para a BTS falsa e este é transmitido para a rede móvel original, onde é comparado e, assim, o telemóvel falso é autenticado na rede móvel original em nome do MS vítima.

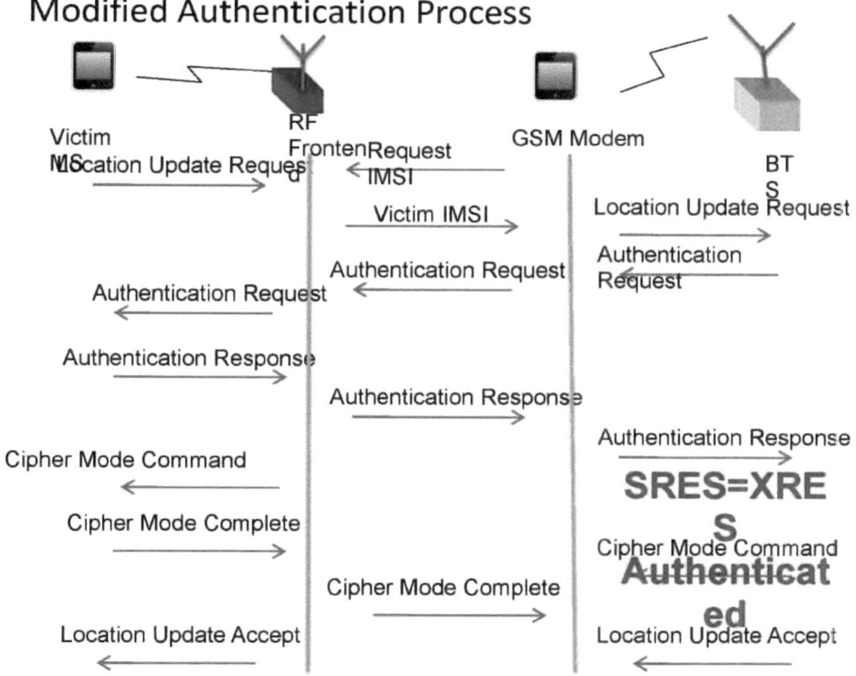

Figura 5.2: Processo de autenticação modificado

5.2 BTS falso:

O segundo dispositivo utilizado no ataque "man in the middle" é a BTS falsa. Com a ajuda da BTS falsa, criamos a nossa própria rede GSM que pode imitar a rede móvel real. No início do ataque, a estação móvel vítima é levada a crer que a nossa BTS faz parte da rede GSM que a serve e, assim, é atraída para esta rede em vez da rede original. Posteriormente, o atacante está em condições de obter determinadas informações seguras (IMSI e SRES) com as quais se pode autenticar na rede móvel original fazendo-se passar pela EM vítima. Toda esta operação tem de ser efectuada no menor tempo possível, de modo a atrasar a comunicação com a rede móvel original. No caso de mais do que uma estação móvel estar ligada à BTS falsa, o atacante tem a opção de selecionar um alvo com base no número IMSI. A BTS falsa, juntamente com o modem GSM, permitirá ao atacante escutar as comunicações e também modificar/criar dados em nome da vítima.

Os objectivos a atingir com a utilização da BTS falsa podem ser classificados em três partes. O primeiro objetivo é a criação de uma rede GSM totalmente funcional, com as capacidades de transmissão de voz e SMS de uma rede GSM real. O segundo objetivo é lidar com operações relacionadas com a quebra do procedimento de autenticação GSM e com a ultrapassagem do mecanismo de encriptação GSM. O terceiro objetivo está relacionado com a comunicação sem falhas entre o modem GSM e a BTS falsa. O fluxo de trabalho começa com a criação de uma rede GSM pessoal pelo atacante.

O próximo passo será colocar estrategicamente o GSM sniffer de modo a que a vítima esteja ao seu alcance e, assim, ocorra uma transferência em que a vítima deixa a sua BTS de serviço e se liga à BTS falsa. Mais do que um MS pode ligar-se à rede GSM falsa e, neste cenário, pode ser lançado um IMSI específico sobre a pessoa de interesse. Segue-se o processo de comunicação e troca de dados entre a estação móvel vítima, a BTS falsa e a estação móvel falsa. O objetivo final é efetuar um ataque em que a comunicação de voz ou SMS é gravada pelo equipamento GSM sniffer.

5.3 Hardware:

Para montar a BTS falsa, são necessários dois componentes principais: um módulo de processamento (computador portátil, PC, etc.) e um front end de RF. O front end RF é utilizado para criar a interface de rádio Um que actua como canal de comunicação sobre o meio aéreo entre a rede GSM falsa e a estação móvel vítima.

O módulo de processamento processa parte dos dados do front end de RF e, por conseguinte, apoia o estabelecimento da interface Um. O controlo do periférico de rádio também está no módulo de processamento e é ligado através da interface USB. A aplicação que torna possível a criação de uma rede GSM falsa também é executada no módulo de processamento e dá-nos uma rede GSM autónoma. O módulo de processamento que utilizámos é um computador portátil com um processador Intel i5 de 2,3 GHz e 2 GB de RAM com o software OpenBTS para executar a pilha GSM.

5.4 Lista de equipamentos:

A primeira peça de hardware necessária para criar a BTS falsa é um módulo de processamento com o sistema operativo Ubuntu. O Universal Software Radio Peripheral foi utilizado para criar o front end de RF.

A segunda peça de hardware utilizada é um telemóvel Sony Ericsson J100 com o firmware importado para o módulo de processamento e aí modificado para servir de modem GSM para o nosso objetivo.

5.5 USRP:

A sigla USRP significa Universal Software Radio Peripheral e o dispositivo utilizado no projeto é produzido pela empresa Ettus[19] . A carga de trabalho do USRP é dividida entre os elementos computacionais integrados e o módulo de processamento. Todas as operações que necessitam de um elevado nível de velocidade computacional são efectuadas na FPGA (Field Programmable Gate Array) integrada. A FPGA envia então todos os dados para o módulo de processamento, onde são efectuadas todas as operações relacionadas com a forma de onda, por exemplo, modulação, etc. Para o nosso projeto, foram montadas duas placas filhas de 900 GHz na placa de base USRP, o que levou à criação da BTS falsa[11].

5.6 Software:

O principal software utilizado no projeto é uma versão modificada e adaptada do software OpenBTS. O OpenBTS é um software que permite a criação de uma rede GSM autónoma, mas não contém quaisquer rotinas de autenticação ou cifra, tal como estão presentes na rede GSM original. A nossa versão modificada do software OpenBTS contém uma solução personalizada para este problema, uma vez que precisamos de enganar a estação móvel vítima para que forneça informações seguras como o IMSI e o SRES, etc.

O ambiente Ubuntu foi instalado com uma combinação de Asterisk, GNU radio e OpenBTS para servir o objetivo pretendido. Além disso, foi utilizado um software de análise de rede chamado Wireshark para um estudo aprofundado das mensagens da camada 3 que são utilizadas na comunicação entre um MS e uma BTS.

Outra razão para escolher o OpenBTS, para além do facto de ser de código aberto, é que está escrito em C++, pelo que foi comparativamente mais fácil compreender o funcionamento do software e também acrescentar novas partes do código para servir as nossas necessidades.

5.6.1 Instalação do GNU Radio e pré-requisitos:

Instalação de dependências [11]**:**

sudo apt-get update

sudo apt-get -y install swig g++ automake1.9 libtool python-dev

sudo apt-get -y install libcppunit-dev sdcc libusb-dev libasound2-dev libsdl1.2-dev

sudo apt-get -y install python-wxgtk2.8 subversion guile-1.8-dev libqt4-dev

sudo apt-get -y install ccache python-opengl libgsl0-dev python-cheetah python-lxml
sudo apt-get -y install libqwt5-qt4-dev libqwtplot3d-qt4-dev qt4-dev-tools

sudo apt-get -y install fftw3-dev doxygen python-numpy-ext

Instalando as bibliotecas do Boost:

wget http : //kent. dl. sourceforge. net/sourceforge/boost/boost 1 3 7 0 .tar.gz

tar xvzf boost_1_37_0.tar.gz

cd boost_1_37_0

BOOST_PREFIX=/opt/boost_1_37_0

./configure--prefix=$BOOST_PREFIX--withlibraries=thread,date_time,program_options

Fazer

sudo make install

Instalando o GNU radio:

cd ~

wget ftp://ftp.gnu.Org/gnu/gnuradio/gnuradio-3.3.0.tar.gz

tar -zxf gnuradio-3.3.0.tar.gz

cd gnuradio-3.3.0

./configure --with-boost-include-dir=$BOOST_PREFIX/include/boost-1_37/

fazer

efetuar o controlo

sudo make install

sudo mv ~/gnuradio-3.3.0 /usr/local/share

5.6.2 Instalação do OpenBTS:

Instalação de dependências:

sudo apt-get install asterisk libosip2-dev libortp7-*

Descarregar o código fonte:

Descarregue o código fonte mais recente do OpenBTS a partir de: http://openbts.sourceforge.net/

Instalação:

tar -zxf openbts-2.6.0Mamou.tar.gz

mv openbts-2.6.0Mamou openbts-2.6.0

cd openbts-2.6.0

exportar LIBS=-lpthread

./configurar

fazer

sudo make install

Adição de permissão de utilizador para trabalhar com o USRP:

sudo addgroup usrp

sudo addgroup **<Adicione_seu_usuário_aqui>** usrp

echo 'ACTION=="add", BUS=="usb", SYSFS{idVendor}=="fffe"

SYSFS{idProduct}=="0002", GROUP:="usrp", MODE:="0660"' > tmpfile sudo chown root.root tmpfile

sudo mv tmpfile /etc/udev/rules.d/10-usrp.rules

5.6.3 Testar o USRP:

sudo reboot

(Ligar o USRP à porta USB)

cd/usr/local/share/gnuradio-3 .3.0/gnuradio-examples/python/usrp

./usrp_benchmark_usb.py

(O resultado deve ser semelhante a este:)

Verificar se o débito máximo entre USB e USRP é de 32 MB/s

Teste de 2MB/seg... usb_throughput = 2M

ntotal = 1000000

ndireita = 998435

comprimento de execução = 998435

delta = 1565

OK

Teste de 4MB/seg... usb_throughput = 4M ntotal = 2000000

ndireita = 1998041

comprimento de execução = 1998041

delta = 1959

OK

Teste de 8MB/seg... usb_throughput = 8M

ntotal = 4000000

ndireita = 3999272

comprimento de execução = 3999272

delta = 728

OK

Teste de 16MB/seg... usb_throughput = 16M

ntotal = 8000000

ndireita = 7992153

comprimento de execução = 7992153

delta = 7847

OK

Teste de 32MB/seg... usb_throughput = 32M

ntotal = 16000000

ndireita = 15986239

runlength = 15986239

delta = 13761

OK

Débito máximo de USB/USRP = 32MB/seg

5.6.4 Instalação e configuração do smqueue

O pré-requisito é o g++ e a sua instalação:

sudo apt-get install g++-4.3

Modificar o ficheiro OpenBTS/smqueue/Makefile.standalone

Substituir:

g++ -o smqueue $(CPPFLAGS) $(INCLUDES) smqueue.cpp smnet.cpp smcomm... com:

g++-4.3 -o smqueue $(CPPFLAGS) $(INCLUDES) smqueue.cpp smnet.cpp smcomm...

Agora compile utilizando o seguinte comando:

sudo make -f Makefile.standalone

5.6.5 Configuração do Asterisk:

Faça uma cópia de segurança dos ficheiros /etc/extensions.conf e /etc/sip.conf:

cd /etc/asterisk

sudo cp extensions.conf extensions.conf_ori

sudo cp sip.conf sip.conf_ori

Copiar ~/openbts-2.3/AsteriskConfig/extensions.conf e sip.conf para o /etc/asterisk: sudo cp ~/openbts-2.3/AsteriskConfig/sip.conf .

sudo cp ~/openbts-2.3/AsteriskConfig/extensions.conf .

Edite o ficheiro /etc/asterisk/extension.conf:

Acrescentar o seguinte no final do ficheiro:

[sip-local]

exten => 2102,1,Macro(dialSIP,IMSI602*)

exten => 2103,1,Macro(dialSIP,IMSI602*)

Edite o ficheiro /etc/asterisk/sip.conf:

;provisionado Thu Mar 17 05:32:43 2011

[IMSI60203*]

identificador de chamadas=2102

canreinvite=no

tipo=amigo

context=sip-local

allow=gsm

anfitrião=dinâmico

dtmfmode=info

;provisionado Thu Mar 17 05:36:13 2011

[IMSI60201*]

identificador de chamadas=2103

canreinvite=no

type=friend context=sip-local

allow=gsm

anfitrião=dinâmico

dtmfmode=info

Reinicie o Asterisk:

sudo /etc/init.d/asterisk restart

CAPÍTULO 6

IMPLEMENTAÇÃO

No último capítulo, ao discutir a conceção, foram mencionados dois dispositivos que são utilizados para efetuar o ataque, nomeadamente o modem GSM e a BTS falsa. O objetivo do modem GSM é falsificar a identidade da vítima e fazer-se passar pelo telefone da vítima para a rede GSM original. O objetivo da BTS falsa é fazer-se passar pela rede móvel original para a estação móvel da vítima. Ambos os dispositivos precisam de ter uma transmissão síncrona entre si com um atraso insignificante.

Quando a configuração estiver concluída, começamos com o procedimento de ataque. O ataque procede da seguinte forma:

A BTS falsa recebe o IMSI do telemóvel da vítima.

O IMSI recebido é falsificado no modem GSM e enviado para a rede original através dele.

Receber o número aleatório RAND de 128 bits da rede original e iniciar o processo de autenticação com a rede original.

Receber o SRES da estação móvel vítima e autenticar o modem GSM na rede de origem.

No capítulo seguinte, entraremos nos pormenores do procedimento de ataque e, uma vez bem sucedido, teremos registado o nosso modem GSM com as credenciais roubadas da vítima na rede original.

6.1 Obter o IMSI da vítima:

Quando a estação móvel da vítima entra no alcance do nosso equipamento, é atraída para se ligar à nossa BTS falsa, considerando que esta pertence à sua rede doméstica. Uma vez ligado, o telemóvel da vítima começa com o processo de anexação do IMSI [12]. Neste processo, a primeira parte é o estabelecimento do canal, que começa com o envio da mensagem de pedido de canal de recurso de rádio (RR) no RACH ou no canal de acesso aleatório e resulta na receção de uma mensagem de atribuição imediata no AGCH ou no canal de concessão de acesso. Uma vez concluído este processo, a estação móvel passa para o canal de controlo dedicado autónomo ou SDCCH atribuído e é enviado à BTS falsa um pedido de atualização da localização com o IMSI da vítima. Deste modo, concluímos a primeira fase do nosso procedimento de ataque e ficamos com o número IMSI da vítima.

6.2 SPOOFING:

6.2.1 Receber a RAND:

Depois de falsificar com êxito o modem GSM e iniciar o processo de registo na rede original, o telefone recebe um número aleatório de 128 bits ou RAND na mensagem de pedido de autenticação da gestão da mobilidade. Este RAND é posteriormente transmitido à estação móvel vítima através da BTS falsa e é enviado em rota para a estação móvel vítima.

6.2.2 Obtenção do SRES:

Quando a BTS falsa recebe o RAND, inicia um processo de paginação enviando uma mensagem de paginação de recursos de rádio no PCH ou no canal de paginação. Esta mensagem é dirigida à estação móvel vítima utilizando o IMSI da vítima e uma resposta da estação móvel vítima leva à criação de um canal SDCCH. A seguir, utilizando este canal criado, a BTS falsa envia à estação móvel vítima um pedido de autenticação contendo o RAND que recebeu anteriormente, ao qual a estação móvel vítima responde com uma mensagem de resposta de autenticação que contém o SRES.

Este SRES é enviado para o modem GSM e, por sua vez, transmitido para a rede original, onde a rede compara este SRES com o XRES que tinha calculado no seu próprio lado, uma vez que o SRES e o XRES foram calculados utilizando o mesmo algoritmo e o mesmo Ki, provou-se que são iguais e, com isto, o modem GSM é autenticado com a rede original em nome da identidade das estações móveis vítimas.

6.2.3 Modo de cifragem e Cifragem completa:

Uma vez que o modem GSM é autenticado na rede original através da falsificação das credenciais da estação móvel vítima, chega agora a vez de o mecanismo de encriptação GSM entrar em ação. Este comando pede à estação móvel que comece a encriptar a comunicação com a chave de sessão ou Kc que foi calculada na extremidade móvel. A resposta ao comando do modo de cifra é enviada pelo modem GSM e é conhecida como mensagem de modo de cifra completo. Após esta rotina ter sido concluída, a comunicação

GSM entre a BTS e a MS será encriptada utilizando um dos seguintes algoritmos A5/1, A5/2 ou A5/0, a decisão do algoritmo a utilizar baseia-se no facto de poder ou não ser suportado tanto pela BTS como pela MS. O canal é então libertado e a estação móvel fica em modo inativo até que ocorra alguma atividade que a obrigue a passar para o modo dedicado.

GSMTAP	81 (CCCH) (RR) System Information Type 3
GSMTAP	81 (CCCH) (RR) Immediate Assignment Extended
LAPDm	81 U, func=UI(DTAP) (RR) Measurement Report
LAPDm	81 U P, func=SABM(DTAP) (MM) Location Updating Request
GSMTAP	81 (CCCH) (SS)
GSMTAP	81 (CCCH) (RR) Paging Request Type 1
LAPDm	81 U, func=UI(DTAP) (RR) System Information Type 6
LAPDm	81 U, func=UI
LAPDm	81 U F, func=UA(DTAP) (MM) Location Updating Request
LAPDm	81 U, func=UI(DTAP) (RR) System Information Type 5
LAPDm	81 U, func=UI
LAPDm	81 I, N(R)=0, N(S)=0(DTAP) (MM) Authentication Request
LAPDm	81 S, func=RR, N(R)=1
LAPDm	81 U, func=UI(DTAP) (RR) Measurement Report
LAPDm	81 I, N(R)=1, N(S)=0(DTAP) (MM) Authentication Response
LAPDm	81 U, func=UI(DTAP) (RR) System Information Type 6
LAPDm	81 U, func=UI
LAPDm	81 U, func=UI
LAPDm	81 U, func=UI(DTAP) (RR) Measurement Report
LAPDm	81 U, func=UI(DTAP) (RR) System Information Type 5
LAPDm	81 U, func=UI
LAPDm	81 S, func=RR, N(R)=1
LAPDm	81 U, func=UI(DTAP) (RR) System Information Type 6
LAPDm	81 U, func=UI
LAPDm	81 I, N(R)=1, N(S)=1(DTAP) (MM) Identity Request
LAPDm	81 S, func=RR, N(R)=2
LAPDm	81 I, N(R)=2, N(S)=1(DTAP) (MM) Identity Response
LAPDm	81 U, func=UI(DTAP) (RR) Measurement Report
LAPDm	81 U, func=UI(DTAP) (RR) System Information Type 5
LAPDm	81 U, func=UI
LAPDm	81 S, func=RR, N(R)=2
LAPDm	81 U, func=UI(DTAP) (RR) System Information Type 6
LAPDm	81 I, N(R)=2, N(S)=2(DTAP) (MM) MM Information
LAPDm	81 S, func=RR, N(R)=3
LAPDm	81 I, N(R)=2, N(S)=3(DTAP) (MM) Location Updating Accept
LAPDm	81 S, func=RR, N(R)=4
LAPDm	81 I, N(R)=4, N(S)=2(DTAP) (MM) TMSI Reallocation Complete
LAPDm	81 U, func=UI(DTAP) (RR) System Information Type 5
LAPDm	81 U, func=UI(DTAP) (RR) Measurement Report
LAPDm	81 U, func=UI
LAPDm	81 I, N(R)=3, N(S)=4(DTAP) (RR) Channel Release

Tabela 6.1: Processo de fluxo de implementação

CAPÍTULO 7

CENÁRIOS DE ATAQUE

Quando o ataque man-in-the- middle é implementado com sucesso, abre-se um vasto leque de cenários de ataque possíveis. No decorrer deste capítulo, discutiremos os três principais ataques possíveis, principalmente:

Escutas em tempo real e gravação de chamadas

Alteração de SMS

Ao efetuar cada um dos ataques acima mencionados, a estação móvel da vítima é forçada a ligar-se à rede móvel através do nosso equipamento. Quando um ataque é corretamente implementado, é quase impossível que seja detectado pela vítima ou pela rede GSM. [BBK07]

7.1 Eaves dropping e gravação de chamadas em tempo real:

Implementámos este ataque e utilizámo-lo para provar o processo de ataque em tempo real. Neste caso, o modem GSM rouba o IMSI da estação móvel vítima e autentica-se junto da rede móvel original. Uma vez autenticado na rede móvel em nome da vítima, o modem GSM pode realizar todas as acções permitidas ao telemóvel da vítima pelo operador da rede móvel. Qualquer chamada ou SMS efectuada pela vítima ou encaminhada para a vítima pelo operador da rede móvel é retransmitida pelo nosso equipamento e, por conseguinte, permite a escuta e a gravação em tempo real no módulo de processamento.

O objetivo deste ataque é capturar e gravar todos os dados de voz e SMS enviados por e para a estação móvel da vítima, de modo a poderem ser utilizados para outras utilizações.

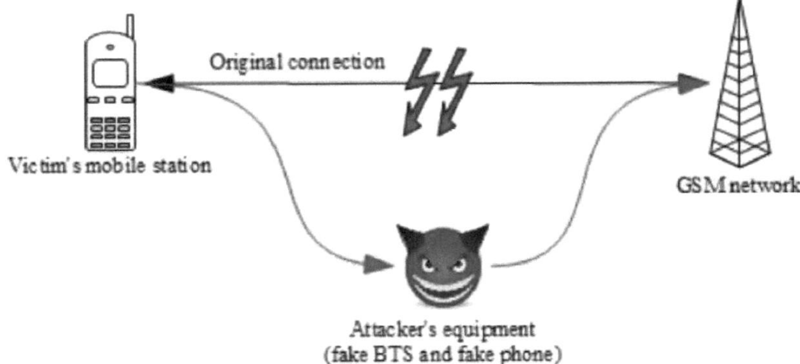

Figura:

Figura 7.1: Cenários de ataque

7.2 Modificação de SMS:

Uma vez que a ligação entre a estação móvel da vítima e a rede GSM original está comprometida, o atacante está em posição de explorar plenamente a situação para seu proveito pessoal. O atacante pode escutar as comunicações SMS da vítima, bloquear a sua transmissão e até modificá-las se a situação o exigir.

À semelhança do cenário anteriormente mencionado, o ataque é quase impossível de detetar. Na prática, o atacante pode enviar SMS e subscrever um serviço pago em nome da vítima, utilizando o crédito (despesa) da vítima.

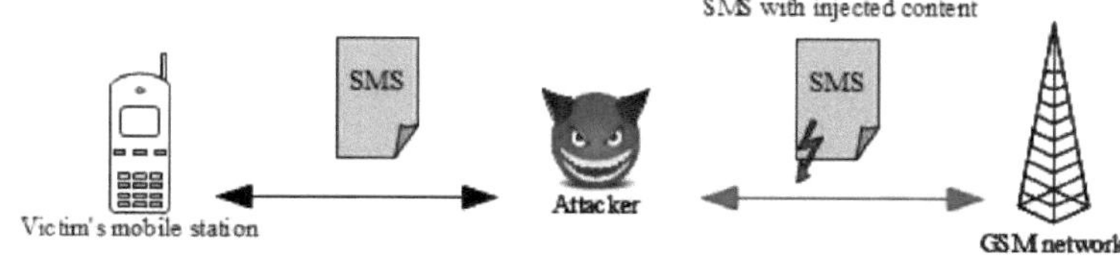

Figura: 7.2: Modificação de SMS

CAPÍTULO 8

CONCLUSÃO

No decurso deste projeto, apresentámos um modelo totalmente funcional de um ataque "man in the middle" a redes GSM que é conduzido através da interface Um. Desenvolvemos um produto autóctone que tem uma multiplicidade de aplicações. Provámos que é possível ao atacante contornar a segurança das redes GSM actuais e lançar um ataque através do método de clonagem dinâmica de SIM. Nas nossas demonstrações, interceptámos e gravámos chamadas e SMS da vítima e mostrámos também que é possível criar tráfego GSM à custa da estação móvel da vítima.

Também sugerimos a utilização de amplificadores GSM e de antenas direcionais de alto ganho para aumentar o alcance do ataque, o que o pode tornar mais perigoso. Mostrámos também como os serviços inerentes oferecidos pelas redes GSM podem ser utilizados para aumentar ainda mais a magnitude do ataque. Por exemplo, um operador multinacional bem estabelecido, a Telenor, permite que os seus utilizadores vejam os últimos 100 registos de chamadas através do seu serviço Web. Neste serviço, a Telenor confia na segurança inerente às redes GSM e envia um código ao seu utilizador que pode ser utilizado para iniciar sessão neste serviço Web. Interceptámos um desses códigos utilizando o nosso equipamento e, em seguida, obtivemos acesso aos últimos 100 registos de chamadas da vítima.

Também provámos que, utilizando um método semelhante ao mencionado acima e alguma engenharia social, é possível ao atacante comprometer a segurança de serviços como o pagamento de facturas e a banca móvel, comprometendo esses serviços e tendo um impacto drástico.

BIBLIOGRAFIA

[1] http://searchmobilecomputing.techtarget.com/definition/GSM

[2] http://www.itu.int/osg/spu/ni/3G/casestudies/GSM-FINAL.pdf

[3] A UIT e "An overview of the GSM system" (http://www.gsmworld.com/news/press_archives_14.html.)

[4] Do livro Rappaport-Wireless-Communications-Principles-And-Practice- 2Nd-Edition

[5] http://www.roggeweck.net/uploads/media/Student_-_GSM_Architecture.pdf

[6] http://www.tutorialspoint.com/gsm/gsm_base_station_subsystem.htm

[7] http://www.tutorialspoint.com/gsm/gsm_base_station_subsystem.htm/page 1

[8] Redes GSM: Protocolos, Terminologia e Implementação por Gunnar Heine 1999. Artech house Inc. Capítulo 7.

[9] Redes GSM: Protocolos, Terminologia e Implementação por Gunnar Heine 1999. Arttech house Inc, páginas 107, 108, 109 e 110

[10] SYS01: Interfaces e protocolos GSM © 2006 Motorola

[11] Loula, Alexsander. 2009. "Guia de instalação e configuração do OpenBTS"

[12] 3GPP/ETSI. 3gpp ts 04.08 especificação da camada 3 da interface rádio móvel.

http://www.3gpp.org/ftp/specs/html-info/0408.htm, 1998. 9, 47,50, 51

Printed by Books on Demand GmbH, Norderstedt / Germany